知の扉
シリーズ

小島寛之

完全版 天才ガロアの発想力

対称性と群が明かす方程式の秘密

技術評論社

## まえがき

　本書は、2010年に技術評論社から刊行した『天才ガロアの発想力』の新版です。旧版に対して、大変大幅な加筆をしました。目的は、「ガロアの定理」の完全証明を収録することでした。

　旧版では完全証明を諦めしました。理由は二つです。第一に、ページ数が限られるので証明を書き切るが難しかったこと。第二に、当時入手できていたガロア理論の資料では、一般読者でも理解できるレベルの完全証明を解説する自信がなかったこと。それで旧版では、完全証明を諦め、かわりに位相空間のガロア理論（本書の第8章）を導入することにしたのです。旧版は多くの読者に評価された一方で、証明の欠ける部分を残念に思う読者も多く、著者として無念に思っていました。

　嬉しいことに新版が企画された今回、前述の二つの困難が解決しました。まず、ページ数を大幅に増やすことが了承されました。その上、旧版刊行後に、ガロア理論に関する良書が見つかったり、新たに刊行されたりして、一般読者もがんばれば理解できるレベルの証明を解説できる見通しが立ったのです。そこで、本書は「完全版」と銘打つことになりました。

　旧版との大きな違いは、ベクトル空間を導入して「ガロアの基本定理」の完全証明を解説したこと、四則とべき根で解けない具体的な5次方程式を証明とともに紹介したこと、「アーベルの定理」の

証明を収録したことです。

(以下は、旧版まえがきの一部の再録です。)

　これから、皆さんには、約200年前に生まれたフランスの少年に恋をしていただこうと思います。名前は、エヴァリスト・ガロアといいます。彼は二十歳の朝、銃による決闘で命を落としました。決闘前夜に書いた遺書は、なんと一編の数学論文でした。そして、その論文で生み出された数学理論は、その後、ガロア理論と呼ばれるようになり、現在に至るまで数学を刷新し続けているのです。ガロアが解いたのは300年も未解決の問題でした。「2次、3次、4次方程式は四則計算と2乗根、3乗根などのべき根をとる操作で必ず解くことができるが、5次以上の方程式ではそうはいかない」というものです。このことを突き止めるためにガロアは、「群論」と呼ばれる全く新しい数学を編み出したのでした。$n$ 次方程式の $n$ 個の解の「区別のつかなさ」を群によって表現し、方程式の解法に接近したのです。

　この本で最も書きたかったことは、不良で生意気ではねっかえりで、純粋で無軌道という、ガロア少年のかっこよさです。読者の皆さんも、そんなガロアとそして数学そのものに恋をしてくださいませ。

本書のナビゲーター
小島寛之

まえがき　　　　　　　　　　　　　　　　　　　　2

## 第1章　方程式の歴史をめぐる冒険 ─────── 7
　2次方程式を最初に解いたのは古代バビロニア人　8
　2次方程式に解が2つあることはインド人が発見した　10
　3次方程式の舞台はイタリアになった！　13
　秘密の必殺技はなぜ漏れたのか？　15
　4次方程式にも悲劇の歴史が　16
　方程式と対称性の関係に気づいた人々　17
　悲運の数学者アーベル　20
　天才ガロアの登場　21
　ガロアの前代未聞の発想　23

## 第2章　2次方程式でガロア理論をざっくり理解 ─── 25
　飽和した数の世界　26
　ルート数の作る体　28
　分母の有理化が役に立った！　30
　有理数の拡大体はいろいろある　32
　ベクトル空間という見方　33
　2次拡大の2次拡大は4次拡大　37
　体Kをかき混ぜる　39
　体$Q(\sqrt{2})$の自己同型は2種類ある　41
　体をベクトル空間と見ると同型写像はどうなる？　43
　体$Q(\sqrt{2})$の自己同型は他にもあるか？　44
　2次方程式でガロアのアイデアをかいつまもう　48
　2次方程式の解から代数体を作ろう　50
　2次体の自己同型を突き止めよう　55
　自己同型を突き詰めていくと解の公式が得られる！　59

## 第3章　「動き」の代数学～群とは何か ────── 65
　「群」という発想　66
　入れ替え操作から群を作る　67
　あみだクジが生み出す群　69
　群を正式に定義しよう　73

|  |  |
|---|---|
| あみだクジの秘密 | 75 |
| 有限群とお近づきになろう | 78 |
| まずは、非常にシンプルでばかばかしい例 | 79 |
| 図形の対称性は群の源だ | 83 |
| 群は、私たちの実生活でも役に立っている！ | 90 |
| Column ガロアの別定理〈前編〉 | 91 |

## 第4章 群は対称性の表現だ～部分群とハッセ図 ── 93

|  |  |
|---|---|
| 群のおなかの中の小さな群 | 94 |
| 正方形の対称操作の群の部分群をすべてみつけよう | 95 |
| 巡回群という特別な群 | 99 |
| ハッセ図とは、部分群の家系図 | 100 |
| 部分群を使って群全体を分類する | 106 |
| 区分けした領域が再び群の構造を持つことがある | 111 |

## 第5章 空想の数の理想郷～複素数 ── 115

|  |  |
|---|---|
| 負数とその平方根 | 116 |
| 3次方程式の解法がタブーを突破した | 117 |
| 虚数単位 $i$ は、どっちがどっち？ | 120 |
| 虚数単位から体を作ろう | 122 |
| 空想の理想郷～複素数 | 124 |
| 複素数を目に見えるようにする | 127 |
| 1のべき根の作る美しい図形 | 132 |
| べき根を付け加えた体はどんな体か | 138 |

## 第6章 3次方程式が解けるからくり ── 143

|  |  |
|---|---|
| 3次方程式の解の公式 | 144 |
| 3次方程式の解の公式を学校で教わらない理由 | 146 |
| フォンタナは3次方程式の解の公式をどうやって見つけたか | 149 |
| 3次方程式はなぜ解けるのか | 151 |
| 3次方程式の解の作る代数体の自己同型 | 154 |
| 体Kの自己同型の群とその部分群たち | 156 |
| ガロアの発見した部分群と固定体との対応 | 160 |
| 固定体Mの自己同型はどんな群？ | 163 |
| ハッセ図から解の公式へ | 167 |
| Column ガロアの別定理〈後編〉 | 172 |

## 第7章 5次以上の方程式が解けないからくり ——— 173

- ガロアの成し遂げたこと　174
- ガロアの定理の証明:超ざっくり版　176
- ガロアの定理の証明:簡易版　178
- 「それなり版証明」を開始しよう　181
- 4次方程式で具体例を見てみよう　189
- 自己同型写像を全部求める　191
- 自己同型群の解への作用　194
- 中間体を見つけよう　196
- ガロアの基本定理1の証明　201
- 解けない方程式の「からくり」はこうだ(それなり版証明)　207
- $x^5 - 10x + 5 = 0$ が解けない理由　214
- 6次以上の方程式にも解けないものがある　221
- 解ける方程式の「からくり」はこうだ　221

## 第8章 ガロアの群論のその後の発展 ——— 227

- ガロアの発想は数学の最先端へ　228
- こんがらがった紐の理論〜基本群　229
- 曲面の上でのループの群を考える　233
- ポアンカレ予想を解決したペレルマン　235
- 繰り返し模様の幾何学　238
- 箱と包み紙の幾何学　240
- トーラス面の被覆空間　246
- 被覆空間の基本群　247
- 被覆空間の基本群は元の空間の基本群の部分群になる!　250
- 被覆空間にもガロアが降臨する　253
- 微分方程式のガロア理論　259

## 補足章 ——— 261

- あとがき　286
- 参考文献、かつ、お勧めの本　288
- 索引　289

方程式の歴史をめぐる冒険

第1章

# 2次方程式を最初に解いたのは古代バビロニア人

　方程式というのは、数の「なぞなぞ」のようなものです。問題があって答えがある。ただし、問題は $x$ の入った数式で与えられ答えは数になる、ということが普通の「なぞなぞ」と違うだけです。人は、いにしえからさまざまな「なぞなぞ」を作って楽しんできましたが、同じようにさまざまな方程式に挑んできました。この章では、タイムマシンに乗って、皆さんを「方程式の歴史をめぐる旅」にご案内しましょう。

　まず、私たちの乗り物が停車するのは、紀元前の古代エジプトです。この地はピラミッドやスフィンクスで有名ですが、実は、数学も発達していたのです。

人類の歴史に方程式が登場したのは、このエジプトの地であり、紀元前 17 世紀あるいはもっと昔のことでした。このことは、紀元前 1650 年頃に古代エジプトの神官アーメスがアーメス・パピルスという本に書きました。パピルスというのは、水草の一種で当時はこれを紙として使ったのです。アーメス・パピルスは、1877 年にドイツの考古学者アイゼンロールによって苦心惨憺の末に現代語に翻訳され、世に知られることとなりました。この本は、当時の数学知識を集大成したものですが、その中には 1 次方程式が含まれています。

　例えば、次のような問題が入っています。現代語でいうなら、「その数の 3 分の 2 と、2 分の 1 と、7 分の 1 と、その数自身を加えると 37 になる。その数はいくつか？」です。式で書くなら、

$$\frac{2}{3}x + \frac{1}{2}x + \frac{1}{7}x + x = 37$$

という、いわゆる 1 次方程式の問題です。

　他のパピルス、例えばテーベ・パピルスでは、2 次方程式まで扱っているそうです。「二つの正方形の辺の比が 4 対 3 で、面積の和が 100 となるようにせよ」といった問題です。これを素直に立式すれば、2 次方程式になります。

　本格的な 2 次方程式の解法に出会うために、私たちの乗り物は、次なる地、古代バビロニアに向かいます。

　2 次方程式に大きな貢献をしたのは、紀元前 1600 年頃のバビロニアでした。バビロニアの最も古い粘土板には、2 次方程式の

問題集が書かれています。このことは科学史家のノイゲバウアーが1930年に発表した事実です。

例えば以下のような問題と解法が記録されているそうです。

「正方形の面積から1辺の長さを引いた値が870であるなら、その正方形の1辺の長さはいくつか」。

これを式で書けば、

$$x^2 - x = 870$$

という方程式になります。解法には、本質的に「**2次方程式の解の公式**」と同じ計算が用いられています。現代語訳で書くと次のようです。

「まず1の半分を取る。これは、0.5である。0.5と0.5を掛けると0.25になる。これを870に加えると870.25になる。これは29.5の2乗である。この29.5に0.5を加えると30になる。これが、求める正方形の1辺の値である。」

実際、$30^2 - 30 = 870$ ですから、ちゃんと解になっています。こんなはるか昔に「解の公式」が知られていたことは驚異的なことではありませんか。

## 2次方程式に解が2つあることはインド人が発見した

ただ、エジプトやバビロニアでは文字式による数式の表現がなかったのと、負の数を認識できなかったため、現在のようにすっき

りとした形で「解の公式」を与えることはできませんでした。そこで私たちの乗り物は、紀元後のインドへと向かうことになります。

7世紀頃のインドの天文学者ブラマグプタや12世紀の天文学者バスカラによって、完全な2次方程式の解法が与えられました。これらのインド数学の偉業は、「**2次方程式には解が二つある**」ということを認めた、ということにあります。

「解が二つある」という認識に到達できた理由は、「**負の数」の存在を理解できた**ことにあります。インドでは、「正の数」と「負の数」をそれぞれ、「利益」と「負債」に対応させて理解していたようです。このように「負の数」を認めたことで、2次方程式に正の解と負の解があったりすることを受け入れることが可能となりました。また、インド数学以前には、係数を正に限定するために方程式を分類して解かねばならず、「解の公式」は非常に面倒なものでした。しかし係数に負の数を許すことで、2次方程式を一括して $ax^2+bx+c=0$ と表すことができ、現在皆さんが学んでいるのと同じ「解の公式」を得ることに成功したわけです。

2次方程式の解の公式は現在では次のように与えられます。

$ax^2+bx+c=0$ は、2次の係数 $a$ で両辺を割ることで、2次の係数を1にできますから、結局、$x^2+ax+b=0$、に解の公式を与えればいい。そしてこの解は、

$$x = \frac{-a \pm \sqrt{a^2-4b}}{2}$$

となります。符号 $(+)$ のほうで計算するのと、$(-)$ のほうで計

算するのとで2個の解が出てくる仕組みです。なぜ、こうなるかは、図解で解説することとしましょう。

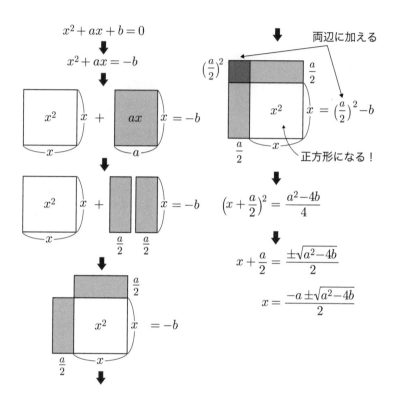

# 3次方程式の舞台はイタリアになった！

　2次方程式の解法が古代にすでにわかっていたのに対し、3次方程式の解法の発見には時間がかかりました。それが発見されるのは、16世紀まで待たなければなりません。わたしたちの乗り物は、16世紀のイタリアへと向かいます。

　この頃、イタリアは「ルネッサンス」と呼ばれる時代を迎えていました。ルネッサンスというのは、千年にも及び価値観を支配したキリスト教の束縛から逃れ、イスラム文化（現在の中東地域で生まれた宗教の作った文化）経由で逆輸入されたギリシャやローマの文化を復興する運動です。レオナルド・ダ・ビンチやミケランジェロなどの美術家の活躍が有名ですよね。

　3次方程式の解法の発見の中心人物は、フォンタナという数学者とカルダノという数学者でした。そして、そこには非常に興味深いエピソードが添えられているのです。

　フォンタナは、タルターリアというあだ名で呼ばれています。タルターリアというのは、「吃音」を意味することばなのです。幼少期にフランス兵による略奪の被害にあい、剣のせいでアゴに障害を負ったために、言葉が不自由になってそう呼ばれたとのことです。

　フォンタナの家は貧困家庭だったので、学校には行けず、数学や語学を独習しました。このような境遇で、400年以上も未解決の「3次方程式の解の公式」を発見したのだから、フォンタナが

とてつもない天才であることがわかるでしょう。実際、不幸な境遇をはねかえし、後にはベネツィア大学の教授になっています。

皆さんには、この地で珍しい「見せ物」を見ていただくことになります。

当時は、研究を発表するための学会や学術誌がなかったので、優先権を確保するために「数学試合」と呼ばれる賞金のかかった公開バトルが行われていました。今で言えば、数学オリンピックのような競技ですが、互いに問題を出し合ってそれを解く、という形式は数学オリンピックと異なっています。

フォンタナが3次方程式の解法の完全解決にたどりつくのには、この数学試合が大きく関わりました。当時、デル・フェッロというボローニャ大学の数学者が $ax^3 + bx + c = 0$ というタイプの3次方程式の解法を知っており、それをフィオーレという弟子に伝えていました。フォンタナは、このフィオーレという人物と数学試合をすることになり、最初はみくびって準備をしていなかったのですが、人からの噂でフィオーレが上記のタイプの3次方程式の解法を知っていると知り、真剣にこのタイプの解法を考えたのだそうです。フォンタナ自身は、この時点では、$ax^3 + bx^2 + c = 0$ のタイプの解法を得ていたので、それほどの労力はいらなかったのでしょう。フォンタナは、双方のタイプの解法を発見し、この試合に勝利することになりました。彼は大勝負に勝利し名声を得ました。フォンタナは、3次方程式の完全解法という必殺技を手に入れたので、もう数学試合に負ける気はしなかったことでしょう。

# 秘密の必殺技はなぜ漏れたのか？

　次にこの地でご覧いただくのは、カルダノという興味深い人物です。

　カルダノは、フォンタナの友人からこの数学試合のこと、そして、フォンタナが３次方程式の解法を発見していることを聞きつけました。このとき、カルダノは本を執筆中であり、その本に３次方程式の解法をぜひとも加えたいと考えたようです。そこで、1539年のはじめ、フォンタナと文通しました。カルダノは、巧妙にフォンタナを自宅におびき寄せました。ある有力な政治家に引き合わせてやる、という嘘を言ったのです。フォンタナは、この誘惑に負けて、カルダノ邸に宿泊しました。その数日間に、魔が差して、３次方程式の完全解法を打ち明けてしまうことになります。もちろん、絶対に他言しない、という誓約のもとでしたが。

　そのカルダノは大変怪しい人物です。開業医をしていて、50歳にはヨーロッパで二番目に有名な医者となったそうです。その反面、賭博や占星術にも凝るような面を持っていました。花嫁の持参金を持ち出してすっかり博打ですったりするような無軌道ぶりも発揮しています。そんな人物ですから、誓約を守らず、1545年の著作『アルス・マグナ』の中で解の公式を公表してしまいます。それで、３次方程式の解法は、現在でも「**カルダノの公式**」と呼ばれています。これは歴史の悲劇とも歴史の皮肉とも呼べるできごとです。なぜなら、カルダノが解法を発表しなけれ

ば、もしかすると、3次方程式の解の公式が人類の財産になるのがあと数百年遅れたかもしれないからです。カルダノは、フォンタナにとっては裏切り者ですが、人類にとっては貢献者だと言えるでしょう。

## 4次方程式にも悲劇の歴史が

　ここでわたしたちの乗り物は、もう1人の人物を見物に立ち寄ります。それは、カルダノの弟子フェラリです。

　カルダノの裏切りに激怒したフォンタナはカルダノに数学試合を申し込みます。ところがカルダノは、試合に出ずに逃げ回り、もう逃げられないというところまで追い込まれると、卑怯にも若い弟子フェラリを代役として送り込みました。そして、フォンタナは不覚をとって、フェラリとの勝負に負けてしまうのです。

　ある意味で、それは仕方のないことでした。フェラリは、すでにフォンタナを越えた知識の持ち主だったからです。なんと彼は、3次方程式の解法を会得しているばかりではなく、それを発展させて、「4次方程式の解の公式」を発見した非常に優れた数学者だったのです。

　カルダノがフェラリを弟子にしたのは、彼が14歳のときだったそうです。フェラリは、師が『アルス・マグナ』を執筆するのを手伝いながら、数学を勉強したと想像されています。その過程で、4次方程式の解法を発見したらしいのです。なぜなら、4次方程式を解く途中で3次方程式を解く必要が出てくるからです。

実際、『アルス・マグナ』の中には４次方程式の解法も記載されています。

カルダノとフェラリは、フェッロの義理の息子に会いに行き、フェッロが３次方程式の第一のタイプの解法を得ていたことを文書によって確認しました。そして、『アルス・マグナ』の中でフェッロもフォンタナとともに解法の発見者として名を連ねたとのことです。フォンタナは、この記載に激怒して数学試合の挑戦状を送ったのではないか、といわれています。

そんなフェラリとフォンタナとの対決は、1548年にミラノで行われ、フェラリの完全勝利に終わりました。フォンタナは、1557年、怒りと失意のうちに亡くなったと伝えられています。

３次方程式の具体的な解法は、後の章のお楽しみにとっておいて、わたしたちは歴史の旅を続けることとしましょう。

## 方程式と対称性の関係に気づいた人々

次なる標的はいうまでもなく５次方程式の解法です。ここで私たちの乗り物は、けっこう時間の早送りを果たさなければなりません。フェラリの発見から次の発見までおよそ300年の時間があるからです。

その後にもさまざまなアプローチがありましたが、５次方程式の解決につながったものはそう多くはありません。まず、特筆すべきなのは、ヴィエトという16世紀後半から17世紀前半に活躍したフランスの数学者です。ヴィエトは、フランスの宮廷で国

王に仕えた数学者でした。彼は、方程式の解に、線対称や点対称などに似た独特の対称性が秘められていることに初めて気づいた人だと言えます。

例えば、2次方程式 $x^2+ax+b=0$ が解けて、解が$\alpha$と$\beta$と出るときは必ず、

$$x^2+ax+b=(x-\alpha)(x-\beta)$$

という因数分解が可能です。この右辺を展開して、左辺と見比べると、

$$\alpha+\beta=-a \quad \cdots ①$$
$$\alpha\beta=b \quad \cdots ②$$

という式が得られます。これを「**2次方程式の解と係数の関係**」といいます。

同様にして、ヴィエトは、3次方程式 $x^3+ax^2+bx+c=0$ に対しても、解$\alpha$、$\beta$、$\gamma$ による因数分解、

$$x^3+ax^2+bx+c=(x-\alpha)(x-\beta)(x-\gamma)$$

から、

$$\alpha+\beta+\gamma=-a \quad \cdots ③$$
$$\alpha\beta+\beta\gamma+\gamma\alpha=b \quad \cdots ④$$
$$\alpha\beta\gamma=-c \quad \cdots ⑤$$

を導きました。これが「3次方程式の解と係数の関係」と呼ばれるものです。これらと同じタイプの公式がもっと高次方程式にも成り立つことを突き止めました。

「解と係数の関係」は体裁としては連立方程式なのですが、これを解けば解が得られるわけではありません。例えば、①と②を連立方程式として解こうとすると、もとの2次方程式に戻ってしまいます。③④⑤も同じで、もとの3次方程式に戻ります。

しかし、この関係式はとても示唆的です。第一に、これらの式が「**解に関するある種の対称性**」を示していることが見てとれます。つまり、方程式の解法には何か対称性が関わっている可能性が大だとわかります。そして第二に、解に関して①②③④⑤のような対称的な計算を実行する限り、結果は難解な無理数とならず、係数に符号をつけた簡単な数になる、ということも大事です。これらの視点が、方程式の解法の理論の要となる「群論」と「体論」という全く新しい代数理論をもたらすことを、おいおいお話していくこととなります。

この観点をもう一歩進めて洞察したのが、18世紀後半のフランスの数学者ヴァンデルモンドという人でした。彼は、2次方程式や3次方程式の解の公式が、「解を入れ替える」という操作に関して、ある種の不変性を持っていることを見抜きました。これは、第2章や第6章で解説する体の自己同型という考え方の先駆けになる発見でした。

全く同じ頃、イタリア生まれのフランス人ラグランジュという数学者が、この考えをさらに深めました。ラグランジュは、2次

方程式、3次方程式、4次方程式が解ける「からくり」の本質（2次方程式については2章で、3次方程式については6章で解説する）に肉薄しており、その「からくり」が5次方程式にあてはめるとうまく行かないことまで見抜いていました。ラグランジュは、群論と体論の方法論のすぐ手前まで来ていたと言っていいのです。しかし、ラグランジュさえも決定的なものをつかむことができずに終わりました。私たちの旅はいよいよ、最終地点に向かうこととなります。

## 悲運の数学者アーベル

　5次方程式の解の公式について解決したのは、19世紀初めのことです。それは若い2人の数学者によって、ほぼ同じ頃に成し遂げられました。1人は22歳で、もう1人は19歳でこの問題を仕留めています。結果は、「5次以上の方程式には解の公式は存在しない」というものでした。

　わたしたちの乗り物は、まずは、先に証明を得たニールス・ヘンリク・アーベルのところで停車しましょう。

　アーベルは、1802年、ノルウェーの貧しい家庭に生まれました。父親はアル中で亡くなり、妻と9人兄弟が残されました。妻もまたアル中で、家族の生活は非常に苦しかったようです。そんな境遇の中、教師に数学の才能を認められたアーベルは、教師の援助によって1821年から22年にかけて大学に通い、1825年から27年にかけて国家のお金でヨーロッパに留学させてもらいました。

アーベルは、1820年、「5次以上の方程式には解の公式は存在しない」という証明を自費出版します。節約のため、証明を圧縮し、たった6ページにまとめたとのことです。これは、読者の理解の大きな妨げとなったことが想像されます。それでなのか、この本は長い間、注目されずにいます。

　そんな中、クレレという数学プロモーターに目を付けられ、1826年、いくつも論文を彼の主宰する学術誌に掲載してもらうことになりました。その後、アーベルは、無一文になってノルウェーに帰国します。そして、1829年、結核で死去することになったのです。それは、「ベルリン大学が教授として迎えてくれる」というクレレからの手紙の届く二日前のことでした。アーベルは、自分の論文が一流の数学者から認められたことを知らないまま、その悲運の人生を閉じたのでした。

## 天才ガロアの登場

　アーベルが証明したことをもう少しだけ正確に言うと、「すべての5次方程式を共通の方法で解くような一般的な手続きは存在しない」ということです。証明は、ラグランジュやヴァンデルモンドの着眼点を発展させたものによりました。

　しかし、一般的な手続きはなくとも、個々の5次方程式なら、それぞれに四則計算と、平方根、立方根などの$n$乗根をとる操作を繰り返すことで解けるかもしれません。個々の方程式が四則計算とべき根で解けるか解けないかの判定基準をアーベルは与え

てはいなかったのです。それを成し遂げたのが、もう1人の天才、エヴァリスト・ガロアでした。わたしたちの乗り物はいよいよ、本書の主役の前に停車します。

エヴァリスト・ガロアは1811年にフランスのパリ郊外に生まれました。父親は有力者で、町長に就任しました。

12歳のときに寄宿制中学に入学しましたが、14歳の頃、健康上の理由で勉強に身が入らず落第します。しかし、この頃から数学者の論文を読むようになりました。ただ、彼には、思考を頭の中だけで行い紙に記さないという悪癖があり、教師からはその優秀さが理解されませんでした。そして、十分に準備することなく1年早くフランス最高の大学を受験して失敗します。翌年も同じ大学を受けましたが、口頭試験で反抗的な態度を取ったため再び不合格となり、格下の予備学校に入学します。

実は、この頃、ガロアは不遇に見舞われています。父親が悪意ある地元の司祭によって中傷され、自殺してしまったのです。この事件が、ガロアのその後の人生に大きな影響を及ぼしたことは疑いないでしょう。

この頃から彼は、数学の論文を学会に投稿する一方で、フランス革命の運動にも身を投じて行きます。論文は、書き方が悪いため、数学者たちにきちんと理解されず、何度も掲載を拒否されてしまいます。他方、政治運動のほうでは過熱していき、遂には武装の罪によって9か月の禁固刑を受けるはめになりました。学校もすでに退学になっていました。

釈放後にステファニーという女性に生涯最初で最後の恋をしま

す。そしてなんと、この恋が原因となって、ある男とピストルで決闘することになるのです。

決闘前夜、ガロアは論文の余白に遺書を書き、それを親友のシュバリエに託しました。それは、「時間がない」から始まる壮絶な前代未聞の数学論文でした。ガロアは、20歳の朝、一編の論文を残し、ピストルの銃弾によって短い一生を閉じることになったのです。

この伝記でわかるように、ガロアは天才的な数学者であったにもかかわらず、自分の内部に溢れる反抗的なエネルギーをもてあます「生意気な不良」だったのです。こんな「不良少年」に、その後の数学の歴史を変えるスゴイ発想が宿ったことは皮肉だとしかいいようがありません。

## ガロアの前代未聞の発想

ガロアは、「方程式が四則計算とべき根で解ける条件」を完全に特定しました。そのことによって、2次、3次、4次の方程式になぜ解の公式があるのかも、5次以上の方程式にはなぜ解の公式が存在しないのかも解明されました。

ガロアは、この結果を得るために、前代未聞の数学を生み出しました。それは、後に「群論」と呼ばれる数学構造と「体論」と呼ばれる数学構造です。そして、群と体の間をいったりきたりすることで、数学的素材の素性を明らかにする、という画期的な方法論を完成したのです。これは、19世紀以降現在までの数学の

中心的な方法論として発展することになりました。

　では、その天才ガロアの発想について、いよいよ、次の章から順次説明していくこととしましょう。群論と体論は、ガロアの切ない切ない生涯の墓碑に手向けられた色鮮やかな献花なのです。

# 第2章

2次方程式でガロア理論を
ざっくり理解

# 飽和した数の世界

　方程式の解の性質を分析するには、解そのものをいじくるよりも、ある意味でそれを「溶かし込んだ溶液のような」世界をいじるほうが効果的なのです。こういう世界を数学では「**体**」と呼びます。

　体の働きを理解していただくために、本章では最も単純な体である「ルート数の作る体」をお見せすることとしましょう。

　代数で最も基本となるのが、「四則計算」であることはいうまでもありません。足す・引く・掛ける・割る、この4種類は小学生のときからずっと練習してきている計算です。これらの計算は、整数や分数ばかりではなく、「平方根」や「文字式」に対しても実行できることは中学で習います。つまり、かなり抽象的な対象にまで四則計算を適用することができるのです。

　ただし、四則計算は問題も引き起こします。四則計算をした結

果が、必ずしも考えている数世界では収まり切らない、という点です。

最も馴染みがある自然数でいうと、足し算と掛け算をするぶんには答えも自然数で収まりますが、引き算や割り算では答えが自然数からはみ出してしまいます。例えば、引き算 $3-5$ を計算すると、答えは自然数ではない負数 $(-2)$ となってしまいます。また、$7 \div 3$ をするとやはり自然数ではない分数 $\frac{7}{3}$ になってしまいます。

計算結果として出てくる数が元の世界の住人でない場合、そいつを元の世界に「移民」として加えて世界を広げるほうがものごとを考えやすくなるに違いありません。今の例でいうなら、マイナスの数や分数も自然数にどんどん加えていって世界を広げる、ということです。実際、プラスの分数とマイナスの分数まですべて加えると、もう四則計算では新しい数は出てこなくなり、一種の「飽和状態」に至ります。まず、分数の世界においては、自然数 $k$ を $\frac{k}{1}$ という形で分数と見なします。そして、分数＋分数、分数－分数、分数×分数、分数÷分数はすべて分数になるので、この世界は四則計算に対して飽和状態となったわけです。このような正負の分数全体の集合を「**有理数**」と呼びます。有理数は、自然数、整数をすべて含み、四則計算に対して飽和状態となった世界です。このことを、専門の言葉では、「有理数は四則演算について閉じている」といいます。そして、このように、四則演算に閉じている世界を数学の専門のことばで「**体**（たい）」といい、有理数の集合を体として扱うときは、「**有理数体**」と呼びます（厳

密に定義しようとすると、「体」にはもっと細かい規定がありますが、本書では気にしないで進むことにしましょう)。有理数体は、数学記号では「Q」と書きます。

ちなみに、「体」には、もともとはドイツ語で「身体」を表す単語が用いられ、それをそのまま翻訳したので、日本語でも「体」となっています。その意味は、「有機的にうまく機能が働いていること」ということだそうです。四則計算がうまく行くことから、こういうふうに名付けられたわけですね。一方、英語では、体には field という全く意味の違うことばが用いられています。

## ルート数の作る体

体は有理数体 Q 以外にもいろいろあります。有理数体の次に紹介できる簡単な体は、ルート数、例えば$\sqrt{2}$、と有理数を混ぜ合わせて作られる数世界です。

今、四則計算で飽和状態となっている有理数体 Q にルート数$\sqrt{2}$を付け加えて新しい数世界を創造するとしましょう。この有理数に$\sqrt{2}$を1個加えた世界は、$Q \cup \{\sqrt{2}\}$と記しますが、当然、四則計算には閉じていません。例えば、$\sqrt{2}$に3を加えた$3+\sqrt{2}$や、2倍した$2\sqrt{2}$などはこの$Q \cup \{\sqrt{2}\}$の住人ではないからです。

そこで、この$Q \cup \{\sqrt{2}\}$の数の間の四則計算でできる数をどんどんこの世界につけ加える、という操作を繰り返すことにしましょう。例えば、$3+\sqrt{2}$が加わり、$2\sqrt{2}$が加わり、さらにそれら

の和や積が加わり、という具合に広がっていきます。すると、この数世界はどこまで育つでしょうか。

結論を先にいうと、「(有理数)+(有理数)×$\sqrt{2}$」という形の数をすべて集めた集合になるのです。このような数の集合をとりあえずKという記号で書いておきましょう。$3+2\sqrt{2}$とか$-\frac{7}{3}+\frac{4}{7}\sqrt{2}$とかはみなKに属する数です。四則計算で数を作って付け加える操作が「(有理数)+(有理数)×$\sqrt{2}$」という数全体を生み出すのはすぐに理解できるでしょうが、問題はどうしてこれが飽和した世界になっているか、つまり、この形の数以外出てこないのか、ということです。これは証明してみないとわからないことです。このことはすぐあとで証明することとして、先に有理数体Qとこの体Kの関係を述べておきます。

有理数1は$1+0×\sqrt{2}$という形で、有理数$\frac{2}{3}$は、$\frac{2}{3}+0×\sqrt{2}$という形でKに属するとわかりますから、すべての有理数がKに属することがわかります。つまり、有理数体Qは集合Kの一部になっていることが簡単にわかります。逆にいうと、体Kが体Qをまるまる含んでいます。このことを専門のことばで、「**KはQの拡大体である**」といいます。要するに、体Kは体Qを広げた体の世界だ、ということなのです。

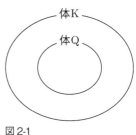

図 2-1

## 分母の有理化が役に立った！

　では、Kが体であることを証明しましょう。それにはKの中の2数の四則計算で得られる数値がやはりKの数であることを言えばよいことは、これまでの手順からおわかりでしょう。抽象的にやるより、具体例を見たほうが感覚的にわかりやすいと思うので、そうやりましょう。

　「(有理数)+(有理数)×$\sqrt{2}$」という数同士の足し算、引き算は、単に$\sqrt{2}$を$x$のような文字だと思って実行すればいいので、結果も「(有理数)+(有理数)×$\sqrt{2}$」という形になるのは明らかでしょう。また、この2数を掛けてもやはり「(有理数)+(有理数)×$\sqrt{2}$」という形になるのは、$\sqrt{2}×\sqrt{2}$が新しい無理数を生み出すわけではなく、$\sqrt{2}×\sqrt{2}=2$となって整数(有理数)に戻ることに理由があります。

　最も面白いのは、割り算です。

　「(有理数)+(有理数)×$\sqrt{2}$」÷「(有理数)+(有理数)×$\sqrt{2}$」は一見するとKの範囲に収まりきらないように見えます。ところがどっこい、やっぱりKの数になるのです。ここで大活躍するのが、俗に「分母の有理化」と呼ばれる技巧です。「分母の有理化」とは、

$$展開公式：(p+q)(p-q)=p^2-q^2$$

を使って、分母中の$\sqrt{\phantom{x}}$をはずしてしまうテクニックで、高校受

験や大学受験でも必須です。

例えば、$p=3$、$q=\sqrt{2}$とすれば、

$$(3+\sqrt{2})(3-\sqrt{2})=3^2-(\sqrt{2})^2=9-2=7$$

というふうにルートが消えて整数になります。

ちなみに、ここで掛け算している$(3+\sqrt{2})$と$(3-\sqrt{2})$は、「共役数」と呼ばれ、本書で重要な働きをするペアなので、記憶にとどめてくださいね。

このテクニックを使って、例えば、$(1-2\sqrt{2})\div(3+\sqrt{2})$という割り算の結果が、「(有理数)+(有理数)×$\sqrt{2}$」という形になることを確認することにしましょう。分母分子に同じ数を掛けても、分数の値は変化しないことに注意し、分母と分子の両方に$(3-\sqrt{2})$を掛けます。途中で分母に上記の計算が出てくることに注目してください。

$$\frac{1-2\sqrt{2}}{3+\sqrt{2}}=\frac{(1-2\sqrt{2})(3-\sqrt{2})}{(3+\sqrt{2})(3-\sqrt{2})}$$
$$=\frac{3-\sqrt{2}-6\sqrt{2}+4}{3^2-\sqrt{2}^2}=\frac{7-7\sqrt{2}}{7}=1-\sqrt{2}$$

確かに、結果は「(有理数)+(有理数)×$\sqrt{2}$」という形になりました。この方法はどんなKの数の割り算にも適用できますから、「(有理数)+(有理数)×$\sqrt{2}$」という形をしている数同士の割り算がやはり同じ形になることがわかったと思います。

# 有理数の拡大体はいろいろある

一般に有理数の集合Qに何かαを付け加えて、それらの数の間の四則計算でできる数を順に付け加えて、また四則計算を実行して数を付け加えて、とやっていって飽和するまで数を増やしてできる集合をQ(α)という記号で書きます。これは中学や高校で習う関数記号ではなく、専門の代数学で定義されている記号で、「Qにαを付け加えて作った最小の体」、ということを意味します。このような体Q(α)がみな有理数体Qの拡大体であることは当然です。

さきほど定義したK＝「Qに$\sqrt{2}$を付け加えて飽和させた体」は、Q($\sqrt{2}$)という記号で表すことができます。そして、今証明したように、

$$K = Q(\sqrt{2}) = \{(有理数)+(有理数)\sqrt{2} なる数全体\}$$

ということになるわけです。

全く同様にして、α＝$\sqrt{3}$として、無理数であるルート数$\sqrt{3}$をQに付け加えると、

$$Q(\sqrt{3}) = \{(有理数)+(有理数)\sqrt{3} なる数全体\}$$

となります。

他にやはり無理数の仲間である円周率πに対してα＝πとした体Q(π)なども考えられますが、これは残念ながら、{(有理数)

＋(有理数)πの数全体｝とは書けません。理由はきちんとは説明しませんが、簡単にいうと、π×πなどπを掛け合わせると、次々と新しい無理数ができてしまうからです。具体的には

$Q(π) = \{(πの有理係数の多項式) \div (πの有理係数の多項式)$
と表される数全体$\}$

という、かなり複雑な集合になります。

## ベクトル空間という見方

前節では、有理数体$Q$の拡大体$Q(\sqrt{2})$=「$Q$に$\sqrt{2}$を付け加えて飽和させた体」のことを説明しました。この拡大体のことをよりイメージ豊かに理解するために、ベクトル空間のことを知っておくのが得策です。

実数体上のベクトル空間というのは、
・足し算ができる。　・実数を掛け算できる（実数倍できる）。
という二つの性質を備えている数の作る空間のことです。代表的なものに2次元ユークリッド空間があります。これは、形状としては「平面」と同じものです。

平面上の「点」は、座標を用いて、$(x, y)$という形式で与えられます。これらの「点」たちには、次のような定義によって、足し算すること、実数を掛け算すること、ができるようになります。

足し算 $(a, b) + (c, d) = (a+c, b+d)$

実数$\alpha$を掛ける $\alpha \times (x, y) = (\alpha x, \alpha y)$

すなわち、「点」の足し算は、左側同士の足し算、右側同士の足し算をすればいい。また、実数を掛けることは、各座標の掛け算をすればいいわけです。これらは平面上で何を意味するかというと、

・足し算は平行四辺形を作ること　・実数倍は、延長すること

となります（図を参照）。

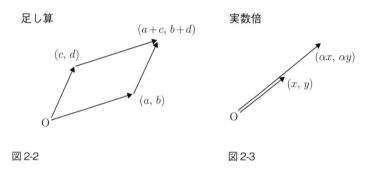

図2-2　　　　　　　　　　　　図2-3

このベクトル空間（2次元ユークリッド空間）で大事なことは、2つの「点」を選出して、それらの実数倍と足し算で、すべての「点」が作り出せることです。例えば、2「点」を

$$(1, 0), (0, 1)$$

と選出すれば、任意の「点」$(x, y)$ は、

$$x \times (1, 0) + y \times (0, 1) = (x, 0) + (0, y) = (x, y)$$

というふうに、$x \times (1, 0) + y \times (0, 1)$ と表すことができます。

このように、実数倍と足し算ですべての点を作ることができ、しかもその表現が唯一であるような2つの「点」を、「**ベクトル空間の基底**」と呼びます。平面（2次元ユークリッド空間）の基底は、$(1, 0)$ と $(0, 1)$ 以外にも無数の組み合わせがあります。平面の基底となる「点」は必ず2個ペアです。「2次元」はそれに由来します。

　図をもう一度見てみましょう。そうすれば、基底というのは、「平行四辺形と延長によって、すべての点に到達できる」という意味だと理解できるでしょう。このような理解の下では、「点 $(a, b)$ への矢印と、点 $(c, d)$ への矢印とが違う向きならば、$(a, b)$ と $(c, d)$ は基底になる」ということが直感的にわかるでしょう。

　さて、拡大体 $\mathbf{Q}(\sqrt{2})$ も、次のような見方でベクトル空間と見なせます。

・足し算ができる。・有理数を掛け算できる（有理数倍できる）。

　実際、30ページで解説したように、

　　足し算　$(a+b\sqrt{2})+(c+d\sqrt{2})=(a+c)+(b+d)\sqrt{2}$
　　有理数 $q$ を掛ける　$q\times(x+y\sqrt{2})=qx+qy\sqrt{2}$

のような計算ができます。$\sqrt{2}$ のない部分と $\sqrt{2}$ の係数部分とに分離して見れば、先ほど解説した2次元ユークリッド空間と同じ仕組みになっている、ということがわかります。このように見たときの体 $\mathbf{Q}(\sqrt{2})$ を **Q上のベクトル空間**と呼びます。数1と数 $\sqrt{2}$ を基底とすれば、体 $\mathbf{Q}(\sqrt{2})$ のすべての数 $x+y\sqrt{2}$ は、

$x \times 1 + y \times \sqrt{2}$ というふうに、有理数倍と足し算で表現できますから、体 $Q(\sqrt{2})$ は 2 次元ベクトル空間だとわかります。次元である 2 を、「**体 Q$(\sqrt{2})$ の体 Q 上の次元**」と呼び、

$$[\,Q(\sqrt{2}):Q]=2$$

のように表記します。またこれを、「**体 Q$(\sqrt{2})$ の体 Q 上の拡大次数**」とも言います。こちらのほうがよく使われる表現です。

体 $Q(\sqrt{2})$ は Q 上の 2 次元ベクトル空間と見なす場合、下図のような空間をイメージするのが今後に役立ちます。

すなわち、1 と $\sqrt{2}$ を違う向きの矢印の先っぽの「点」と見なします。そして、それらの延長と平行四辺形を作ることで新しい点を作るのです。そうすれば、$Q(\sqrt{2})$ の数 $x+y\sqrt{2}$ がすべて「点」として対応することになります。係数 $x$ や $y$ は有理数に限定されていますから、「点は平面の全体をべたーっと埋め尽くすわけではなく、とびとびの位置に点在することになります。

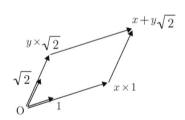

図 2-4

# 2次拡大の2次拡大は4次拡大

　有理数の拡大体をさらに拡大することができます。

　例えば、有理数体 Q の拡大体 Q($\sqrt{2}$) に無理数 $\sqrt{3}$ を付加して飽和するまで四則計算で数を増やして体を作ってみましょう。これは Q($\sqrt{2}$, $\sqrt{3}$) と書きます。掛け算で $\sqrt{2} \times \sqrt{3} = \sqrt{6}$ ができることに注意すれば、この体の要素は、

$$(有理数) + (有理数)\sqrt{2} + (有理数)\sqrt{3} + (有理数)\sqrt{6}$$

と書けることが予想できるでしょう。足し算と引き算と掛け算に閉じていることはすぐわかります。割り算に閉じていることは30ページの「分母の有理化」を行って、分母からルート数を一個ずつ消していくことができることから理解できるでしょう。

　この拡大体 Q($\sqrt{2}$, $\sqrt{3}$) を Q 上のベクトル空間としてみるとどうなるでしょう。上記の形からわかるように、$1, \sqrt{2}, \sqrt{3}, \sqrt{6}$ の4個の数を基底とする4次元ベクトル空間であることが見てとれます。4次元空間をイメージすることは、わたしたちには困難ですが、平面や3次元空間の類似として想像してみればいいでしょう。

　さらにこのベクトル空間は、1 と $\sqrt{3}$ を基底とする体 K＝Q($\sqrt{2}$) 上の2次元ベクトル空間と見なすことができます。すなわち、

$$(K の数) + (K の数)\sqrt{3}$$

という数の集まりです。実際、前者の（Kの数）を$a+b\sqrt{2}$と、後者の（Kの数）を$c+d\sqrt{2}$とすれば、

$$(a+b\sqrt{2})+(c+d\sqrt{2})\sqrt{3}=a+b\sqrt{2}+c\sqrt{3}+d\sqrt{6}$$

となるので、正しいとわかります。

つまり、体$Q(\sqrt{2})$はQ上の2次拡大体、体$Q(\sqrt{2},\sqrt{3})$は$Q(\sqrt{2})$上の2次拡大体ということです。体$Q(\sqrt{2})$のQ上の基底が1と$\sqrt{2}$、体$Q(\sqrt{2},\sqrt{3})$の$Q(\sqrt{2})$上の基底が1と$\sqrt{3}$となっています。体Kの体L上のベクトル空間の次元のことを [K:L] と記し、「体Kの体L上の拡大次数」と呼びます。

以上から、拡大次数について、

$$[Q(\sqrt{2},\sqrt{3}):Q]=[Q(\sqrt{2},\sqrt{3}):Q(\sqrt{2})]\times[Q(\sqrt{2}):Q]$$
$$=2\times 2=4$$

という計算が成り立つとわかります。

通常、Qの$n$次拡大体の$m$次拡大体は、Qの$n\times m$次拡大体という乗法公式が成立します。このことが、あとで重要な働きをします。

# 体Kをかき混ぜる

 有理数に$\sqrt{2}$を付け加えた数世界$K = Q(\sqrt{2})$が体であるとわかりました。では、方程式に対するガロアのアプローチに近づくには、次にどんなことを考えたらよいのでしょうか。次にすることは、天才ガロアだからこそ思いついたことであり、その後の数学に一つの方向付けを与えたものなので、読者にはひどく突飛に映ることだろうと思いますが、がんばって読みつないでください。それは、

「体Kの中の数を他のKの数に対応させる」

ということです。

 今、Kの数を別のKの数に特定の規則で対応させることを考えます。例えば、数2を数5に対応させる、あるいは$2\sqrt{2}$を$7\sqrt{2}$に対応させる、といった具合です。Kの数$x$を規則$f$によって、Kの他の数$y$に対応させることを、記号では、$f(x) = y$、と書きます。ここで、$f(\ )$は「**写像**」といい、対応の規則を表す記号ですが、読者が中学で習った1次関数や2次関数などの仲間だと思って差しつかえありません。先ほどの対応の例を書くなら、

$$f(2) = 5, \quad f(2\sqrt{2}) = 7\sqrt{2}$$

という感じになります。

 体Kの世界をカップの中のコーヒーだとイメージし、写像$f$

は「コーヒーをかき混ぜる仕方の一つ」というイメージをもつといいかもしれません。数2の位置の水滴を数5のあった位置に動かし、$2\sqrt{2}$の位置の水滴を$7\sqrt{2}$のあった位置に動かす、そんなかき混ぜを$f(\ )$という記号で表している、そういう光景を想像すればいいわけです。

なぜ体に対してそんな対応をほどこすのか、読者の頭の中が疑問符でいっぱいになっているとは思います。簡単に言うと、それは、「対称性をあぶり出すため」なのですが、読み進めるうちにその意味が次第にわかってくるはずです。

体Kの数を体Kの他の数に対応させる写像$f$の中で、とりわけ次の性質をすべて満たすものに注目します。

---

(1) 二つの異なる数が同じ数に対応することはない。

つまり、「$x \neq y$ならば$f(x) \neq f(y)$」。これは次のように言い換えることが可能です。すなわち、「$f(x) = f(y)$ならば$x = y$」。ちなみにこのような写像を「単射」といいます。

(2) どの数$y$にもそれに対応する$x$が存在する。

つまり、どの$y$にも$f(x) = y$を満たす$x$がある。このような写像は、全射と呼ばれます。

以上の(1)(2)を合わせて、「写像$f$は全単射である」といいます。

(3) $f$ によって四則計算は保存される。すなわち、

足し算の保存：$x+y=z$ ならば $f(x)+f(y)=f(z)$。
（あるいは、$f(x+y)=f(x)+f(y)$）

引き算の保存：$x-y=z$ ならば $f(x)-f(y)=f(z)$。
（あるいは、$f(x-y)=f(x)-f(y)$）

掛け算の保存：$x \times y=z$ ならば $f(x) \times f(y)=f(z)$。
（あるいは、$f(x \times y)=f(x) \times f(y)$）

割り算の保存：$x \div y=z$ ならば $f(x) \div f(y)=f(z)$。
（あるいは、$f(x \div y)=f(x) \div f(y)$）

これらの性質をすべて満たすものを「Kの自己同型」といいます。要するに、自己同型とは、Kの数をもれなく重複なく自分自身Kの数に対応させることで、しかも、対応前に足し算が成立している場合には、対応後にもそうなっており、同じことが引き算、掛け算、割り算についても成り立つ、ということです。

## 体 $Q(\sqrt{2})$ の自己同型は2種類ある

体 $Q(\sqrt{2})$ の自己同型と言っても、読者にはまだイメージがつかめないでしょうから、例を挙げることにしましょう。

最初の例は、ひどくつまらなく、当たり前のものです。それは、体 $Q(\sqrt{2})$ のすべての元 $x$ に対して $f(x)=x$ となるものです。つまり、「自分に自分を対応させる」ような写像、別の言葉を使

えば、「何も動かさない」写像、というものです。これを専門の言葉で**恒等写像**と言います。

恒等写像が条件（1）（2）（全単射）、（3）（四則の保存）を満たすのは明らかでしょう。

次の例は、これはちょっと意外な例です。体 $Q(\sqrt{2})$ の元 $x$ を $a+b\sqrt{2}$（ただし、$a$ と $b$ は有理数）とするとき、それが対応する $f(x)$ を $a-b\sqrt{2}$ とするものです。つまり、$\sqrt{2}$ の係数の符号を逆転させた数、いわゆる共役数に対応させるわけです。それでこの写像は**共役写像**と呼ばれます。例えば、$f(3+2\sqrt{2})=3-2\sqrt{2}$ とか $f(2-7\sqrt{2})=2+7\sqrt{2}$ などとなります。単なる有理数の場合には $f(3)=f(3+0\sqrt{2})=3-0\sqrt{2}=3$ などとなって、自分自身に対応します。

この共役写像は、先ほどの条件（1）（2）（3）を満たします。このことを「掛け算の保存」についてだけ確かめておきましょう（他の確認は読者にお任せします）。

$x=a+b\sqrt{2}$、$y=c+d\sqrt{2}$ と置くなら、

$$x \times y = (ac+2bd)+(ad+bc)\sqrt{2}$$

ですから、

$$\begin{aligned}f(x \times y) &= (ac+2bd)-(ad+bc)\sqrt{2}\\&=(a-b\sqrt{2})(c-d\sqrt{2})=f(x) \times f(y)\end{aligned}$$

これで、「掛け算の保存」が示されました。

この共役写像の特徴は、「2回ほどこすと元に戻る」というこ

とです。式で書けば $f(f(x))=x$ が任意の $Q(\sqrt{2})$ の元 $x$ に対して成り立つことです。$\sqrt{2}$ の係数の符号を2回反転させるので当然そうなります。このように見ると、共役写像とは「線対称移動」に似たものであると思えることでしょう。$x$ を $f(x)$ に対応させることを二等辺三角形の点を対称軸に対して

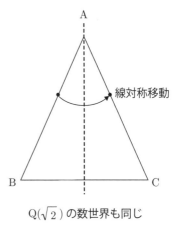

図2-5

対称な点に移すことと同一視するなら、$Q(\sqrt{2})$ の数世界は二等辺三角形と同じ「裏返しに関する対称性」を持っている、と解釈することができます。このような見方は、今後、とても重要な見方となり、何度も現れるので注目しておいてください。

## 体をベクトル空間と見ると同型写像はどうなる？

36ページで、拡大体をベクトル空間として扱い、平面などの「空間」と類似したものと見なすことができることを説明しました。それでは、体をベクトル空間と見なしたとき、体の自己同型はどんなものと見ることができるのでしょうか。

前節の共役写像 $f(x)$ をベクトル空間の観点で考えてみましょう。この写像 $f(x)$ は、体 $Q(\sqrt{2})$ の数 $a+b\sqrt{2}$ を $a-b\sqrt{2}$ に対応させるもの、すなわち、$\sqrt{2}$ の部分の符号を反転させるもので

した。

$$f(a+b\sqrt{2})=a-b\sqrt{2},\ f(a-b\sqrt{2})=a+b\sqrt{2}$$

この写像をベクトル空間で見ると、図のようになります。

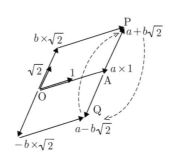

図2-6

すなわち、点Pは点Qに対応し、点Qは点Pに対応します。これは、平面をOAを軸に裏返していることとおおよそ見ることができます。

## 体Q($\sqrt{2}$)の自己同型は他にもあるか？

今、体Q($\sqrt{2}$)の自己同型として、恒等写像と共役写像の二つを紹介しましたが、他にもあるのでしょうか。結論を先に言えば、この他には一つもありません。本節では、その証明を与えることにします。

体Q($\sqrt{2}$)の自己同型をすべて特定するため、まず、一般の

自己同型について成り立つとても重要な法則を見ておくことにしましょう。有理数の拡大体Kの任意の自己同型を $f$ とします。

すると、「0が $f$ によって0に対応する」ことがわかります。つまり、

（自己同型の法則その1）　$f(0) = 0$

証明は簡単です。$x - x = 0$ に対して「引き算の保存」を使って、$f(x) - f(x) = f(0)$。したがって、$f(0) = 0$ とわかりました。

次に、1も $f$ によって1に対応しなければならないこともわかります。

（自己同型の法則その2）　$f(1) = 1$

この証明には少しだけ工夫が必要です。最初に、$1 \times 1 = 1$ に対して「掛け算の保存」を使って、$f(1) \times f(1) = f(1)$。ところで、（自己同型の法則その1）より0に対応するのは0ですから、自己同型が全単射であることから、他の数は0に対応することはできません。これで $f(1)$ が0でない、とわかったので、$f(1) \times f(1) = f(1)$ の両辺を $f(1)$ で割れば、$1 = f(1)$ が得られ、証明は終了します。

この二つの法則から、最も大切な次の法則が出ます。

（自己同型の法則その3）
すべての有理数 $x$ に対し、$f(x) = x$

つまり、自己同型 $f$ は有理数を動かさず、写像の結果は自分自

身にしてしまう、ということです。証明は、「足し算の保存」、「引き算の保存」、「割り算の保存」と $f(0)=0$ と $f(1)=1$ とを使えばできます。

例えば、$3=1+1+1$ から $f(3)=f(1)+f(1)+f(1)=1+1+1$。よって $f(3)=3$ となります。同様にして、すべての自然数 $n$ に対し、$f(n)=n$ がわかります。

次に、例えば、$-3=0-3$ から $f(-3)=f(0)-f(3)=0-3$。よって、$f(-3)=-3$ となります。同様にして、すべての自然数 $n$ に対し、$f(-n)=-n$ が示せます。

最後に、例えば $\dfrac{2}{3}=2\div 3$ から、$f\left(\dfrac{2}{3}\right)=f(2)\div f(3)=2\div 3$。よって、$f\left(\dfrac{2}{3}\right)=\dfrac{2}{3}$ となります。

したがって、すべての有理数 $x$ に対して、$f(x)=x$ となります。つまり、自己同型では、有理数は自分自身に対応する、ということが示されました。

以上を受けて、体 $K=\mathbb{Q}(\sqrt{2})$ の自己同型は、あるとすれば、すべての有理数を不変にする、すなわち、$f(x)=x$ とするようなものであるとわかりました。それでは、このような自己同型はどんなものになるのでしょうか。実はこれを考えると、体の自己同型と方程式が密接な関わりを持っている、ということが見えてきます。

$K$ に属する数 $x$ を、有理数 $p,q$ を使って、$x=p+q\sqrt{2}$ と書き、この $x$ の自己同型による像 $f(x)$ を求めましょう。

まず、「足し算の保存」を使います。すなわち

$f(x)=f(p)+f(q\sqrt{2}\,)$。さらに、「掛け算の保存」から、$f(x)=f(p)+f(q)f(\sqrt{2}\,)$。ここで今証明した「有理数を不変にする」を利用すれば、有理数 $p$ と $q$ に対しては、$f(p)=p$, $f(q)=q$ だから、

$$f(x)=p+qf(\sqrt{2}\,) \quad \cdots ①$$

となります。

　これによって、結局、$f$ によって $\sqrt{2}$ に対応する $f(\sqrt{2}\,)$ だけを決定すればいい、とわかりました。

　では、$f(\sqrt{2}\,)$ はどうやったら求まるのでしょうか。ここが、自己同型が方程式と関わる最も大切なポイントとなります。それは、$\sqrt{2}$ が、2 次方程式 $x^2=2$ の解であることを利用すればいいのです。

　$\sqrt{2}$ が上記の 2 次方程式の解であることは、$\sqrt{2}\times\sqrt{2}=2$、という式を意味しています。よって、「掛け算を保存」から、

$$f(\sqrt{2}\,)\times f(\sqrt{2}\,)=f(2)=2$$

これは、「$f(\sqrt{2}\,)$ を 2 乗すると 2」ということを意味するので、$f(\sqrt{2}\,)$ も同じ 2 次方程式 $x^2=2$ の解だということが判明しました。したがって、$f(\sqrt{2}\,)$ は $\sqrt{2}$ か $(-\sqrt{2}\,)$ です。この二つは、それぞれ別の自己同型を与えるので、一つずつ検討して行きましょう。

　まず、$f(\sqrt{2}\,)=\sqrt{2}$ の場合は、①に代入し $f(p+q\sqrt{2}\,)=p+q\sqrt{2}$、つまり、K のすべての数 $x$ に関して $f(x)=x$ で

あることを意味します。つまり、$f$は恒等写像です。

次に、$f(\sqrt{2})=-\sqrt{2}$の場合を考えます。これは、①に代入すれば$f(p+q\sqrt{2})=p-q\sqrt{2}$ということです。こちらは、共役写像です。これで、**Kの自己同型が、恒等写像と共役写像の二つしかないこと**が証明されました。

## 2次方程式でガロアのアイデアをかいつまもう

ガロアがつきとめたことを、おおざっぱに言えば、「2次、3次、4次方程式は、四則計算と$n$乗根によって解くことができ、5次以上の方程式ではそうはいかない」ということです。本書では、どうしてそうなるかをできるだけツボがわかるように解説するつもりなのですが、まずこの章で、そのすばらしいアイデアを、**2次方程式を題材にしてざっくりと見る**ことにしましょう。ある意味では、2次方程式にアプローチすることで、ガロアのアイデアの本質をあぶり出すことが可能なのです。しかも、2次方程式は多くの読者が勉強した記憶のあるものなので、そんなに敷居も高くはないでしょう。

まず、方程式を四則計算とべき根で解くことと前節で紹介した代数体とが密接な関係を持っていることを説明しましょう。そのために、方程式に「解の公式」が存在するとはそもそもどういうことか、それをきちんと取り決めることとします。

「四則計算と$n$乗根によって解く」
というのは、

「どんな方程式を与えられようと、その係数と有理数から出発して、四則計算と$n$乗根をとる計算だけからなる手続きで、すべての解にたどりつくこと」

です。ちなみに、$n$乗根を総称して「**べき根**」といいます。

例えば、有理数$a$と$b$を係数に持つ2次方程式$x^2+ax+b=0$の解は、12ページの図解で示したように、

$$x = \frac{-a \pm \sqrt{a^2-4b}}{2} \quad \cdots (☆)$$

です。これは、次のようなことを意味しています。

> ①方程式の係数$a$と$b$から$a^2-4b$を計算します（係数と有理数の四則計算）。
> ②$a^2-4b$の平方根$\sqrt{a^2-4b}$を計算します（$n$乗根をとる計算の$n=2$の場合）。
> ③$\sqrt{a^2-4b}$に$-a$を足す、もしくは$-a$から引きます。
> $-a \pm \sqrt{a^2-4b}$
> ④$-a \pm \sqrt{a^2-4b}$を2で割ります（これも四則計算です）。

このような決まった手続きで、必ず2次方程式の解を求めることができるわけです。

実はこの作業は、体の考え方を使って、次のように言い換えることが可能です。

有理数体Qを考えます。Qは当然、係数$a,b$を含む体です。次に、Qの元である$a^2-4b$のべき根（2乗根）$\sqrt{a^2-4b}$をQに付加して、拡大体$K=Q\left(\sqrt{a^2-4b}\right)$を作れば、有理数と$\sqrt{a^2-4b}$との四則計算で（☆）のように表される$x^2+ax+b=0$の二つの解は、ともにKに含まれます。

　以上のことを考えると、もしも解を四則計算とルート計算で解くことができるなら、ルート数を有理数に加えて作った拡大体の中に方程式の解が存在することになり、また逆に、どんな2次方程式に対してもそのような拡大体を作り出すことができるなら、方程式に四則計算と$n$乗根をとる計算だけからなる解き方がある、とわかります。あとでお話ししますが、このことはもっと高次の方程式についても成り立ちます。つまり、方程式の四則計算とべき根による解法を求めることは、べき根をつけ加えた体を次々に作って、それらの体の中のどれかにすべての解が入っていることを確かめることと同じなのです。実際、ガロアがたどりついたのはそういう方法論でした。

# 2次方程式の解から代数体を作ろう

　前の章では、有理数Qに無理数$\sqrt{2}$をつけ加えて四則計算でどんどん数を増やして行くと、$K=\{$（有理数）$+$（有理数）$\times\sqrt{2}\}$という数世界ができ、それを$Q(\sqrt{2})$と書きました。そしてそれが四則計算で閉じている、つまり、四則計算の結果がK内で

収まる世界であることを解説しました。2次方程式の解法を通じてガロアのアイデアを理解するため、ここでは、一般の2次方程式の無理数解に対して、同じ作業を再現してみることにします。以下を読む際に心にとめておいて欲しいのは、これ以降の作業においては、「私たちは、**解の公式（☆）を知らないという想定で分析を進めて行く**」ということです。

今、係数が有理数であるような2次方程式

$$x^2 + ax + b = 0 \quad \cdots ①$$

の一つの解を$\alpha$としましょう。解ですから当然、代入した式

$$\alpha^2 + a\alpha + b = 0 \quad \cdots ②$$

が成立します。この②を利用して、①の左辺の2次式を因数分解してみます。

$$
\begin{aligned}
(①の左辺) &= x^2 + ax + b - 0 \\
&= x^2 + ax + b - (\alpha^2 + a\alpha + b) \\
&= x^2 - \alpha^2 + a(x - \alpha) \\
&= (x - \alpha)(x + \alpha) + a(x - \alpha) \\
&= (x - \alpha)(x + \alpha + a)
\end{aligned}
$$

これで因数分解されました（3行目から4行目の変形で、前にも出てきた公式$(p+q)(p-q) = p^2 - q^2$を使っています）。これから、2次方程式①の$\alpha$以外の解を$\beta$と書くなら、$\beta$は$\alpha$と有理数との四則計算$\beta = -\alpha - a$で表せるとわかり、次の大事な

定理が手に入ります。

> **2次方程式の解と係数の関係**
> $x^2+ax+b=0$ の解 $\alpha$、$\beta$ に対して、$\alpha+\beta=-a$

これは、「2次方程式の二つの解を加えると1次の係数を $(-1)$ 倍したものになる」、ということを意味するので、「**解と係数の関係**」と呼ばれる公式です（18ページでも一度天下り的に紹介してあります）。この法則から、2次方程式①の解 $\alpha$ が無理数ならもう1個の解 $\beta$ も無理数であることがわかります。なぜなら、無理数に有理数を加えても有理数にすることはできないから、$\alpha$ が無理数なら $\beta$ も無理数でなくてはならないのです。

> **2次方程式の解の無理数性**
> $x^2+ax+b=0$（$a$、$b$ は有理数）の2解は、一方が無理数なら他方も無理数

以上の二つの法則は、解の公式（☆）からも直接わかりますが、解の公式（☆）を知らなくとも証明できたわけです。

さて、2次方程式①の一方の解 $\alpha$（ただし、無理数）を有理数世界 Q につけ加えて、それらの数の四則計算でできる数を増やしていって、もう増えなくなるまでつけ加えたらどうなるかを考えてみましょう。まず、$\alpha$ に任意の有理数を掛けて「（有理数）× $\alpha$」という数たちができます。次にこのような数に任意の有理数

を加えれば、「(有理数)+(有理数)×$\alpha$」という数たちができます。例えば、$3+2\alpha$ みたいな数たちの集まりです。このような数全体の集合をKと書きましょう。実は、このKはすでに四則計算に閉じていて体になっていることが、$Q(\sqrt{2})$ のときと同様にわかります。どうしてでしょうか。

まず、Kは $\alpha$ についての1次式ですから、和や差について閉じていることは考えるまでもないでしょう。では、積について閉じているのはどうしてか。ポイントは、51ページの②から、

$$\alpha^2 = -b - a\alpha$$

というふうに、$\alpha$ の2乗が「(有理数)+(有理数)×$\alpha$」と表せてしまうことにあります。Kの数同士の掛け算で $\alpha$ の2乗が出てきたら、この置き換えを行えば、結果は「(有理数)+(有理数)×$\alpha$」となってKの数となるわけです。

少し手強いのは、割り算について閉じていることの確認です。30ページでやったような分母の有理化による方法でもできますが、ここでは別の方法で確認してみましょう。

$$(r+s\alpha) \div (p+q\alpha)$$

の結果が、(有理数)+(有理数)$\alpha$ という形の数になることを調べるには、

$$(p+q\alpha)(x+y\alpha) = r+s\alpha$$

を満たす有理数 $x$ と $y$ を見つければいいです。左辺を展開すると、

$$px + py\alpha + qx\alpha + qy\alpha^2$$

ここで、さきほどの $\alpha^2 = -b - a\alpha$ を使って、$\alpha^2$ を $-b - a\alpha$ に置き換えると、

$$px + py\alpha + qx\alpha + qy(-b-a\alpha) = (px - bqy) + (qx + (p-aq)y)\alpha$$

これが $r + s\alpha$ と等しければいいのだから、連立方程式

$$px - bqy = r,\ qx + (p-aq)y = s$$

を満たす有理数 $x$ と $y$ があればいいわけです。2元2連立方程式の解は四則計算だけで解けますから、そのような有理数 $x$ と $y$ は存在します（連立方程式に解が存在しないことの排除にはちょっと工夫がいりますが）。

このように、体の計算を連立方程式に帰着させることは、この後も重要なテクニックになることを覚えておいてください。

以上によって、有理数世界 Q に①の一方の解 $\alpha$ をつけ加え、四則計算によって数を飽和するまで増やして作った体 $K = Q(\alpha)$ は、結局、「(有理数)+(有理数)×$\alpha$」という数の集まりであることが判明したわけです。

$$体 K = Q(\alpha) = \{(有理数) + (有理数) \times \alpha の全体\}$$

このような2次方程式の解を有理数に付加した体を総称して、「**2次体**」と呼びます。

ここで、もう一つ重要なことを指摘しておきましょう。

> 2次体 $K = Q(\alpha)$ は、2次方程式①のもう一つの解 $\beta$ を必ず含んでいる。

ということです。理由は、さきほど確かめたように、「解と係数の関係」から $\beta$ が $\beta = -\alpha - a$ と表せて、「(有理数)＋(有理数)×$\alpha$」という形で書けるからです。しかし、このことは2次方程式固有に成り立つ性質で、一般の方程式ではそうならないことを先回りして書き留めておきます。

## 2次体の自己同型を突き止めよう

ガロアのアイデアを理解するために次になすべきことは、2次体 $K = Q(\alpha)$ の自己同型（四則計算を保存するような1対1対応）がどんなものであるか、それを突き止めることです。Kの自己同型を $f(x)$ と記すことにします。Kは有理数体Qを含む、すなわちQの拡大体なので、45ページで紹介した法則

> **自己同型の有理数保存則**
> $f(x)$ が体Kの自己同型ならば、すべての有理数 $x$ を不変にする、すなわち $f(x) = x$

は成り立ちます。すると、Kの数はすべて「(有理数)＋(有理数)×$\alpha$」という形をしていることに注目して、四則の保存則を同時

に用いれば、次のことがわかります。すなわち、Kの数 $p+q\alpha$ ( ただし、$p, q$ は有理数 ) に対しては、

$$f(p+q\alpha) = f(p) + f(q\alpha) \quad (\leftarrow 足し算の保存)$$
$$= f(p) + f(q)f(\alpha) \quad (\leftarrow 掛け算の保存)$$
$$= p + qf(\alpha) \quad (\leftarrow 有理数の保存)$$

となります。これで、すべてのKの数 $p+q\alpha$ について、それに $f$ で対応する数が $p+qf(\alpha)$ であるとわかります。すなわち、

$$f(p+q\alpha) = p + qf(\alpha) \quad \cdots ③$$

つまり、Kの数が自己同型 $f$ で何に対応するかを知るには、$\alpha$ が $f$ によって何に対応するかだけが決まればいい、要するに $f(\alpha)$ がわかればいい、ということになったわけです。

$f(\alpha)$ が何になるかを求めるのも $\mathbb{Q}(\sqrt{2})$ の自己同型を求めたときと全く同じ手続きでできます。結論を先に言うと、$f(\alpha)$ は $\alpha$ 自身であるか、あるいは、2次方程式①のもう一つの解 $\beta$ でなければならないのです。なぜでしょうか。

ここで、$\alpha$ が2次方程式①の解であることから②式を満たすことを思い出しましょう。②の左辺と右辺は等しい数ですから、左辺が $f$ で対応する数と右辺が $f$ で対応する数は同じ数です。

$$\alpha^2 + a\alpha + b = 0 \quad \cdots ④$$

に対して、

$$f(\alpha \times \alpha + a\alpha + b) = f(0)$$

この左辺は、自己同型の足し算や掛け算の保存から、

$$左辺 = f(\alpha)f(\alpha) + f(a)f(\alpha) + f(b)$$

と変形でき、有理数の保存則から、$f(a) = a$、$f(b) = b$でなければならないので、

$$左辺 = f(\alpha)^2 + af(\alpha) + b$$

となります。一方、右辺も、有理数の保存則から$f(0) = 0$となるので、結局、

$$f(\alpha)^2 + af(\alpha) + b = 0$$

とわかります。これは単に2次方程式①の$x$を$f(\alpha)$に置きかえたものにすぎませんから、この式を満たす$f(\alpha)$は①の解である$\alpha$か$\beta$でなければなりません。したがって、

$$f(\alpha) = \alpha、または、f(\alpha) = \beta、$$

のいずれかとなることがわかりました。

$f(\alpha) = \alpha$の場合は、③からすべてのKの数$x$について、$f(x) = x$となるので、$f$は「どんな数も動かさない」写像、すなわち「恒等写像」であることがわかります。

他方、$f(\alpha) = \beta$の場合は、③から、

$$f(p + q\alpha) = p + q\beta$$

となるので、Kの数において$\alpha$と書いてある部分を$\beta$に書き換

えた数に対応させる写像であることがわかります。これも共役写像と呼ばれます。ここで、$\beta$ もKに含まれる数であったことを思い出せば、$f$ によってKの数はすべてKの中の数に対応することがわかります。まとめましょう。

---

**2次体の自己同型**

2次体 K = $\mathrm{Q}(\alpha)$ の自己同型は次の2種類である。

第一は、すべてのKの数 $x$ に対し、$f(x) = x$ となる恒等写像。

第二は、$x = p + q\alpha$ ($p, q$ は有理数) に対する $f(x)$ が、
$f(x) = f(p + q\alpha) = p + q\beta$、と定義される共役写像。

---

第一の自己同型は、自分を自分に対応させる写像で、第二の自己同型は、$\alpha$ と書いてある部分を $\beta$ に書き換える写像、というわけです。特に、第二の自己同型については、$\mathrm{Q}(\sqrt{2})$ のときと同じく、次の法則が成り立ちます。すなわち、

---

**2次体での解の対称性**

第二の自己同型 $f$ に対して、次が成り立つ。
$f(\alpha) = \beta$、$f(\beta) = \alpha$、したがって、$f(f(\alpha)) = \alpha$、これから、任意のKの数 $x$ に対して、$f(f(x)) = x$

---

なぜなら、「解と係数の関係 $\alpha + \beta = -a$」から、$f(\alpha + \beta) = f(-a)$。したがって、足し算の保存と有理数の保存から、$f(\alpha) + f(\beta) = -a$。これから、$f(\alpha) = \beta$ なら

$f(\beta) = -a - \beta = \alpha$ とわかるわけです。

この法則は、

「2次方程式の解によって作った体Kが第二の自己同型に関して一種の線対称性を持っている」

と解釈できます。Aを頂点とする二等辺三角形ABCは、Aを固定したままBとCを互いに入れ替える、つまり裏返す、と自分が自分に重なります。同じように、体Kの世界に対してこの$f$は、解$\alpha$と解$\beta$を入れ替える操作を意味しており、にもかかわらず、全体としてKの世界はKの世界にかぶさってしまうからです。そういう意味で線対称性を備えている、と言えるわけなのです。

このような分析を眺めていると、体の自己同型というものが、方程式の解と密接な関係を持っていることが思い知らされることでしょう。このことは、もっと高次の方程式についても成り立ち、そこに目を付けて、ガロアは歴史的定理を証明する方法にたどりついたのです。

## 自己同型を突き詰めていくと解の公式が得られる！

さて、いよいよ2次体の自己同型を使って、2次方程式の解の公式にアプローチしましょう（私たちは今、公式（☆）を知らないで分析を進めている想定を思い出してください）。まず、最も重要な働きをする次の法則を証明します。

> **自己同型で保存される数**
> Kの第二の自己同型 $f$ に対して保存される、すなわち $f(x)=x$ となる $x$ は有理数のみである。

「自己同型の有理数保存則」で、自己同型 $f$ が有理数を不変にする、つまり、すべての有理数 $x$ に対し $f(x)=x$ を成り立たせることは 55 ページで示しました。上の法則は、その逆が成り立つこと、すなわち、この自己同型で不変になるのが有理数のみであることを意味しています。

証明は簡単です。第二の自己同型 $f$ が、あるKの数 $x=p+q\alpha$ ($p, q$ は有理数) に対し $f(x)=x$ となるものとします。第二の自己同型は、$f(p+q\alpha)=p+q\beta$ となるものでしたから、

$$p+q\beta = p+q\alpha$$

これから、移項計算によって

$$q(\alpha - \beta) = 0$$

が導かれます。ここで $\alpha = \beta$ はありえません。なぜなら、「解と係数の関係」から $\alpha + \beta = -a$ でしたから、$\alpha = \beta$ なら $\alpha = \beta = -\dfrac{a}{2}$ となり、これは有理数ですから、解 $\alpha$ が有理数となって無理数である仮定と矛盾するからです。したがって、$\alpha - \beta$ は 0 ではない。ゆえに、$q=0$ とわかります。すると、$f(x)=x$ を満たす $x$ は、$x=p+q\alpha=p$ でなければならないと

わかり、$x$ が有理数であることが示されました。これで「第二の自己同型で不変となるのは有理数のみ」ということの証明が終了しました。

では、この法則を使って、いよいよ目標の定理を導くことにしましょう。

> **定理（ガロアの定理：2 次方程式はべき根で解ける）**
> 2 次方程式は、係数に関する四則計算と平方根を取る操作だけによってすべての解を求めることができる。

証明のポイントとなるアイデアは、解の差の 2 乗 $(\alpha - \beta)^2$ が自己同型でどうなるかを見ることなのです。$(\alpha - \beta)^2$ は 2 次方程式の判別式と呼ばれるものですが、馴染みのない方は $(\alpha - \beta)^2$ が唐突に出てきた印象をお持ちになるでしょう。しかし、ここでは手品を鑑賞するぐらいのつもりで読み進んでください。手品の種明かしは、いずれ後のほうの章で行います。

さて、この $(\alpha - \beta)^2$ が第二の自己同型 $f$ で何に対応するかを考えましょう。掛け算や引き算の保存と、$f(\alpha) = \beta$、$f(\beta) = \alpha$ を利用すると、

$$\begin{aligned}
&f((\alpha - \beta)^2) \\
&= f((\alpha - \beta)(\alpha - \beta)) \\
&= f(\alpha - \beta)f(\alpha - \beta) \quad\quad\text{（←掛け算の保存）} \\
&= (f(\alpha) - f(\beta))(f(\alpha) - f(\beta)) \quad\text{（←引き算の保存）}
\end{aligned}$$

$$=(\beta-\alpha)(\beta-\alpha)$$
$$=(\alpha-\beta)^2$$

したがって、
$$f((\alpha-\beta)^2)=(\alpha-\beta)^2$$

となって、$f$ によって数 $(\alpha-\beta)^2$ が保存されることがわかりました。これと、さきほどの「自己同型で保存される数」の定理によって、$(\alpha-\beta)^2$ は有理数でなくてはならない、とわかってしまいました。この事実によって、私たちは解の公式の存在にたどりつきます。

$$\alpha-\beta=\sqrt{(\text{有理数})}\text{ または}-\sqrt{(\text{有理数})} \quad \cdots ⑤$$

となりますから（ひょっとすると、ルートの中の有理数は負数かもしれませんが、今は気にしないでください）、これと、「解と係数の関係」

$$\alpha+\beta=-a=(\text{有理数}) \quad \cdots ⑥$$

によって、この連立方程式⑤⑥の辺々を加え合わせれば、

$$2\alpha=-a+\sqrt{(\text{有理数})}\text{、または、}-a-\sqrt{(\text{有理数})}$$

となって、$\alpha$ が有理数の平方根と有理数との四則計算から求められることがわかります。つまり、2次体 $K=\mathrm{Q}(\alpha)$ は、とある $\mathrm{Q}(\sqrt{(\text{有理数})})$ という体と一致することがわかるわけです。

$$K = Q(\alpha) = Q(\sqrt{(\text{有理数})})$$

　以上で2次方程式に解の公式が存在すること、言い換えれば、(有理数係数の)2次方程式の解で作った2次体が、有理数に有理数のべき根をつけ加えた体であることが証明できました。ここで2次方程式の解の公式(☆)を知らない想定で解析を進めてきたことを思い出してください。この進め方は、2次方程式の解の公式を求める通常の方法(12ページ)の簡易さに比して、あまりにまわりくどく感じたかもしれません。しかし、この進め方は3次以上の方程式になると、むしろ強力な方法になるのです。2次方程式の場合にポイントとなったのは、2次体 $Q(\alpha)$ の自己同型で不変になる数が有理数のみであること、それから、解たちから作られる式で実際に自己同型で不変になるものを見つけたことでした。とりわけ、

$$\begin{cases} \alpha + \beta = (\text{有理数}) \\ \alpha - \beta = \pm\sqrt{(\text{有理数})} \end{cases}$$

という形で、いわゆる普通の連立方程式(線形連立方程式)が得られたのがポイントです。これと、第1章18ページの(解と係数の関係を意味する)連立方程式を見比べれば違いがわかるでしょう。実はこのアイデアは、3次方程式や4次方程式にも使うことができ、それらに解の公式を生み出すことを可能にします。3次方程式や4次方程式では、フォンタナやフェラリの解法は、なにか偶然の発見に頼っているように見えるのですが、この進め方なら統一的で必然的な形で解の公式の存在を暴き出すことができ

るのです。そして、何より、5次以上の方程式の場合は、四則とべき根で解けないという理由を明快に説明することが可能になるのです。

しかし、これを達成するためには、いくつかの準備が必要です。

第一に、自己同型の織りなす「代数」を解析する必要があります。2次体の自己同型は2種類しかなく、それは線対称移動と同じ構造をしていて、とても単純でした。しかし、3次以上の方程式の解から作った体では、自己同型の織りなす代数はもっと複雑なものになります。それを記述するためには、「群」という全く新しいツールが必要になるのです。

第二に、方程式の解から作る体を記述するためには、数の世界を「複素数」に拡張しておく必要があります。それは、高次方程式の解がすべて複素数に含まれることと、解から作る体の自己同型を解析するには複素数の作る数世界の法則性が重要になるからです。

第三に、2次方程式の解から作る2次体の正体を解明するのに役にたった $(\alpha - \beta)^2$ のような式を3次以上の方程式の解から作る体についても発見しなければなりません。そのためには、複素数世界における「1のべき根」というものの振る舞いを理解する必要があります。

いったん方程式の話から離れて、これら三つの準備を丁寧に行って、そうしてからまた3次以上の方程式に戻ってきて、ガロアのすばらしい発想を鑑賞することとしましょう。

「動き」の代数学～群とは何か

第3章

# 「群」という発想

　前章で、2次方程式に解の公式が存在することを明らかにするために、2次方程式の解を有理数に加えて作った体の自己同型のことを分析しました。自己同型は2種類あり、一つはすべての元を不変にする恒等写像、もう一つは2解 $\alpha$ と $\beta$ に対して、$\alpha$ を $\beta$ に、$\beta$ を $\alpha$ に入れ替えるような $f(x)$ でした。後者の $f(x)$ については、$f(f(x))=x$ という具合に2個「つなげる」と恒等写像になる、という性質がありました（58ページ参照）。

　3次以上の方程式の解から作った体を分析する上でも、やはり自己同型を考える方法論がそのまま有効なのですが、自己同型はもっと個数も多く、「つなげること」で生まれる代数もずっと複雑になります。これらの振る舞いを理解するためには、むしろ、もっと大風呂敷を広げ、もっと思いっきり抽象化しておくほうが良いのです。これは数学に往々にして起きることです。ガロアはそのような発想で、「群」というものを考えました。

　「群」というのは、一言で言えば、「動き」「変化」の代数学です。何か「動く対象物」「変化する対象物」があるとすれば、その「動き」や「変化」をつなぎ合わせる、連続させる、ということができます。例えばコーヒーをちょっとだけかきまぜ、動きがおさまったら、またかきまぜることを考えましょう。この2回のかきまぜをつなぎ合わせれば1回のかきまぜと考えることができます。つまり、二つの「動き」や「変化」をつないだものを一つの「動き」

や「変化」だと理解することができます。これは足し算や引き算などと同じようなものと見ることができます。足し算や引き算が代数計算であるのと同様、これらの「動きのつなぎ合わせ」も特有の計算となります。それが「群」なのです。

## 入れ替え操作から群を作る

　前章で解説した通り、2次方程式の解から作る自己同型は、「恒等写像」と「解の入れ替え」でした。そして、「解の入れ替え」を2個つなぐと「恒等写像」となりました。このように、「2個の対象物の入れ替え」というのは容易に群の構造を持つことができます。

　では、対象物が3個あったらどうでしょう。例えば、欧米の露店の賭け事で「スリーカードモンテ」というのがあります。これは、黒のKとJ、それと赤のQの3枚を裏向きに並べ、それを素早く並べ替えて、赤のQがどこにあるかに賭けさせるゲームです。当たれば、賭け金を倍にして返すわけです。

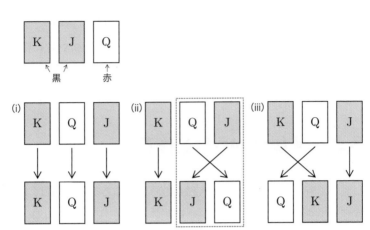

図 3-1

　例えば、最初、K、Q、Jの順に並べてあるとしましょう。これに対するカードの並べ替え方は6通りあります。KQJ→KQJ、KQJ→KJQ、KQJ→QKJ、KQJ→QJK、KQJ→JKQ、KQJ→JQKの6個の並べ替え方です（図3-1に3個を示します）。例えば、KQJ→KJQとする並べ替え方を$\sigma$と書くなら、$\sigma$とは真ん中と右側のカードとを入れ替える「動き」に他なりません。したがって、$\sigma$を2回つなげて行う「動き」を$\sigma \circ \sigma$と書くなら、カードはKQJ→KJQ→KQJとなって元に戻ります。つまり、6種類の中で最初に書いた「動き」であるKQJ→KQJと同じものになります。この「動き」（何も動かないという「動き」）を$e$と書くなら、$\sigma \circ \sigma = e$と記すことができるわけです。

　また、KQJ→JKQの「動き」を記号$\tau$で書くなら、$\tau$は右のカードを左に移すことを表す「動き」です。また、KQJ→QKJ

を$\theta$と書くなら、$\theta$は左と中央を入れ替える「動き」です。そこで、この二つの「動き」をつなぐことを考えましょう。まず$\tau$をして次に$\theta$をすることを$\theta \circ \tau$で書くなら、これは一番右を一番左に移したあと、左と中央を入れ替えるような「動き」ですから、結局、KQJ → JKQ → KJQ となるので、一つの動きと見なすなら、KQJ → KJQ、すなわち、中央と右を入れ替える$\sigma$と同じ「動き」になります。つまり、$\theta \circ \tau = \sigma$と書くことができます。このように、スリーカードモンテの「動き」には、ある種の代数が成立することになります。このような「動き」をつないで作る代数構造を「群」というのです。群の正式な定義はあとできちんとやります。ちなみに、このスリーカードモンテの作る「群」は、3次方程式の解から作る体の自己同型に現れる「群」なのです。

## あみだクジが生み出す群

このようなスリーカードモンテの構造は、カードが何枚あっても可能です。しかし、それをいうなら、日本人にもっと馴染みの深いものがあるではありませんか。そうです、それこそまさに、「あみだクジ」です。

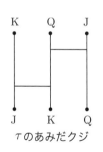

$\tau$のあみだクジ

図3-2

例えば、「動き」$\tau$：KQJ → JKQ に対応するあみだクジは、右図のような縦棒が3本で横棒が2本のものです。実際、たどってみればKは真ん中に、Qは右側に、Jは

左側にたどりつきます。また、「動き」θ: KQJ → QKJ に対応するあみだクジは、図3-3のようになります。

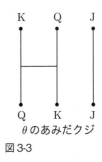
θのあみだクジ
図3-3

「動き」をつないで作った「動き」をあみだクジで表すのは簡単です。対応する二つのあみだクジを「つなぐ」だけで得られます。例えば、「動き」θ ○ τ: KQJ → KJQ に対応するあみだクジは、図3-4のように図3-2のあみだクジと図3-3のあみだクジをつなげたものとすればよいのです。実際に線をたどっていけば、Kからは左に、Qからは右に、Jからは中央にたどりつくことが確認でき、このあみだクジが「動き」σに対応していることがわかるでしょう。つまり、（あみだクジ θ ○ τ）＝（あみだクジ σ）、ということです。

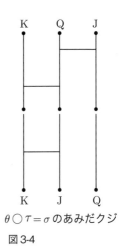
θ ○ τ ＝ σ のあみだクジ
図3-4

このように「動き」をつなぐことをあみだクジの接続と同一視してしまうことができれば、次に挙げるような性質はほとんど明らかなものだと思えるでしょう。

縦棒の数が同じ（先ほどの例では3本）であるようなすべてのあみだクジの集合をAと書き、Aに属する個々のあみだクジを $f, g, h$ …などと書くことにしましょう。ただし、各クジは結果がどうなるかだけを問題にし、横棒の本数や組み方が異なって

いてもクジの結果が同じであるようなあみだクジは同一のものと見なすことにします。その上で、$f$ の下に $g$ をつないで作ったあみだクジを $g \circ f$ と記すことにしましょう。このとき、まずは、

(i) $g \circ f$ は A に属するあみだクジとなる。

は当然ですね。次に、

(ii) $h \circ (g \circ f) = (h \circ g) \circ f$

も明らかでしょう。左辺はあみだクジ $f$ にあみだクジ $g$ をつないだあと、それにあみだクジ $h$ をつなぐことを意味し、右辺はあみだクジ $g$ にあみだクジ $h$ をつないでおいて、それに上からあみだクジ $f$ をつなぐことを意味していますが、どちらも結局は $f$、$g$、$h$ の三つをこの順につないだあみだクジであることには変わりがないからです。これは一般に「**結合法則**」と呼ばれる代数法則です。

ここで改めて注目しておきたい重要なことは、あみだクジの演算では「**交換法則**」が**一般には成立しない**、ということです。例えば、先ほどのあみだクジ $\theta \circ \tau$ を反対に掛け算して、$\tau \circ \theta$ とすると、あみだクジ $\sigma (= \theta \circ \tau)$ とは別のあみだクジになることは各自確かめてみてください。あみだクジの上下を入れ替えれば、違うあみだクジになることは当たり前といえば当たり前なのです。

次に、横棒が一本もないあみだクジを「素あみだ」と呼び、記号 $e$ で書くことにします。この素あみだに対しては、

(iii) 任意の $f$ に対して、$f\bigcirc e=f,\ e\bigcirc f=f$

はすぐにわかることでしょう。つまり、素あみだ $e$ は、つないでも影響を与えないもので、通常の「数の掛け算」でいえば「数 1」にあたる存在であると理解できます。専門的には「**単位元**」と呼ばれます。

特徴的なのは、以下です。

(iv) 任意の $f$ に対して、$f\bigcirc g=g\bigcirc f=e$ となる $g$ が存在する。

今説明したように、素あみだ $e$ を「数 1」と理解するなら、$f\bigcirc g=e$ は「掛け算して 1 になること」に対応しますから、(iv) は「逆数」の存在を意味している、と気づくことでしょう。つまり、あみだクジの集合には、「逆数」にあたる「逆あみだ」が存在する、ということになります。これを一般には「**逆元**」と呼びます。

あみだクジの逆元は簡単です。あみだクジ自体の上下を裏返せばいいだけです。

例えば、あみだクジ $f$ の逆元は右の図のように、上下逆さにしたもので、具体的には、左のカードを右に持って行く JKQ → KQJ というあみだクジになります。実際、この二つのあみだクジをこ

図3-5

の順でつないでできるあみだクジでは、上のあみだクジをたどった後、下のあみだクジで同じ道を逆戻りすることになりますから、当然 K からは左に、Q からは中央に、J からは右にたどりつきます。すなわち、素あみだになるわけです。

## 群を正式に定義しよう

前節であみだクジの代数世界を説明しました。この代数を完全に一般化し抽象化したものを「群」といいます。群とは、あみだクジの代数世界の法則 (i)(ii)(iii)(iv) とそっくり同じ代数構造を備え持っているような代数世界のことです。きちんと定義すると以下のようになります。

集合 G の要素を $f, g, h, \ldots$ などと書くことにします。そして、要素の間に何らかの演算が定義されていて、それを $g \bigcirc f$ と記しましょう。このとき、

| | |
|---|---|
| [演算について閉じている] | (i) $g \bigcirc f$ は G に属する。 |
| [結合法則] | (ii) $h \bigcirc (g \bigcirc f) = (h \bigcirc g) \bigcirc f$ |
| [単位元の存在] | (iii) 任意の $f$ に対して、$f \bigcirc e = f$, $e \bigcirc f = f$, を満たすような G の要素 $e$ が存在する。 |
| [逆元の存在] | (iv) 任意の $f$ に対して、$f \bigcirc g = g \bigcirc f = e$ となる $g$ が存在する。この $g$ を $f^{-1}$ と記す。 |

の4条件が成立するとき、「**Gは群を成す**」といいます。要するに、群とは、

①つなぐことができる
②変えないことができる
③もとにもどすことができる

の3条件のある世界だと思えばいいわけです。

前節で、「スリーカードモンテ」が群を成すこと、「縦棒が3本のあみだクジ」Aが群を成すことを説明しました。以下では、もっと皆さんに馴染みのある群の例を挙げましょう。

整数の集合をZと書くとき、Zは足し算「＋」に対して群を成します。単位元は「0」です。実際、任意の整数$x$に対して、$0+x=x+0=x$、となって(iii)が満たされます。また、整数$x$の逆元は$(-x)$で(iv)が満たされます。この群を**整数の加法群**と呼びます。

また有理数Q（分数の集合）から0を除いたものを$Q^*$と記せば、$Q^*$は掛け算「×」に対して群を成します。単位元は「1」で、$x$の逆元は$1/x$です。0を取り除かなくてはならないのは、0が掛け算の逆元を持たないからです。

Zと$Q^*$は、無限の元を持っている群ですが、有限個の元しかないような群もあります。これを**有限群**といいます。例えば、Gを1と$-1$の二つの整数だけから成る集合（G={1, $-1$}）としたとき、このGは通常の掛け算「×」に関して群となります。このとき、単位元は1です。また、1の逆元は1、$(-1)$の逆元

は $(-1)$ です。有限群の例は、あとの節でいくつか紹介します。

## あみだクジの秘密

　ものごとを群を使って捉えることの効能をわかっていただくために、あみだクジにまつわる法則を二つほど紹介しましょう。最初は次のものです。

> あみだクジの法則その1
> あみだクジでは、異なる入り口から同じ出口に行くことはない。

　読者に、「アタリマエじゃないか」、といわれてしまいそうですが、筆者は若い頃、そうは思わず、「なぜだろう」と考えたものでした。そして、これを「経験からそうだ」というのではなく明快に説明する方法を思いついたときは、とてもうれしかったことを今でも覚えています。
　理由は、「あみだクジは群だから逆元が存在する」ということです。つまり、出口からあみだクジをたどれば、来た道を逆もどりすることになり、必ず入り口に行きつきます。一つの出口から一つの入り口に戻るのですから、同じ出口に行く異なる入り口ははないとわかります。
　もう一つの法則はこれよりもずっと目の覚めるような内容です。

> **あみだクジの法則その2**
> 縦棒が3本のあみだクジを任意に一つ選び、同じあみだクジを6個つなぐと必ず素あみだになる。縦棒が4本の場合は、12個つなげば必ず素あみだになる。

意味はわかりますでしょうか。数式で書くなら、例えば $f$ を縦棒が3本のあみだクジとすれば、

$$f \circ f \circ f \circ f \circ f \circ f = e \qquad \cdots (☆)$$

ということです。上の法則は、この式が縦棒が3本のすべてのあみだクジに対して成立する、ということを主張しているのです。こっちのほうなら十分に不思議感のある法則でしょう。

(☆) がどうして成り立つかは、いくつか具体例を考えてみればわかってきます。

例えば、あみだクジ $f$ を KQJ → QKJ(スリーカードモンテの $\sigma$)としてみましょう。$f$ は、K から入ると中央に出て、Q から入ると左に出て、J から入るとそのまま右に出るようなあみだクジです。つまり、左と中央の位置を入れ替えるものです。したがって、$f$ を2個つなぐと元に戻って、素あみだになることがわかります。つまり、$f \circ f = e$ です。

これを用いれば、結合法則 (ii) と単位元の存在 (iii) から、

$$f \bigcirc f \bigcirc f \bigcirc f \bigcirc f \bigcirc f = (f \bigcirc f) \bigcirc (f \bigcirc f) \bigcirc (f \bigcirc f)$$
$$= e \bigcirc e \bigcirc e = e$$

となって、(☆) が得られます。

次に、あみだクジ $g$ を KQJ → JKQ（スリーカードモンテの $\tau$）としてみましょう。$g$ は K から入ると中央に出て、Q から入ると右に出て、J から入ると左に出るものです。つまり、一番右のカードを一番左に動かし、他を右に一つずつずらすような「動き」を意味しています。したがって、3 個つなぐと元にもどる、すなわち、素あみだになることがわかります。式で書けば、$g \bigcirc g \bigcirc g = e$、です。よって、法則 (ii)(iii) から、

$$f \bigcirc f \bigcirc f \bigcirc f \bigcirc f \bigcirc f = (f \bigcirc f \bigcirc f) \bigcirc (f \bigcirc f \bigcirc f)$$
$$= e \bigcirc e = e$$

となって (☆) の成立が確かめられました。

残る 4 個のあみだクジについても、同じように、2 個か 3 個かつなげば必ず素あみだになります。したがって、縦棒が 3 本のあみだクジは、どれも 6 個つなげば素あみだ $e$ となることが証明されました。

縦棒が 4 本のあみだクジについても、全く同様に考察すれば、素あみだでないものは 2 個か 3 個か 4 個かつなげば素あみだになることがわかります。したがって、2, 3, 4 のすべての倍数である 12 個をつなげれば必ず素あみだとなるわけです。

もっと縦棒の数が多いあみだクジについても簡単です。縦棒が $n$ 本のあみだクジの場合は、$2, 3, 4, \cdots, n$ の最小公倍数を $L$ とするなら、$L$ 個つなげれば必ず素あみだになります。

　実は、この法則は一般の群にも拡張することができることが知られています。元の個数が有限値 $n$ であるような群 G のどの要素 $f$ についても、それを $n$ 個演算した $f \bigcirc f \bigcirc \cdots \bigcirc f$ は必ず単位元 $e$ になることが証明できるのです（111ページで証明しましょう）。

## 有限群とお近づきになろう

　群の考え方は、ガロアによって、19世紀に導入されました。何度もお話ししてきたように、ガロアは5次以上の方程式に解の公式がないことを証明するために、体の自己同型の作る群を分析したのです。したがって、方程式の解の公式について歴史を追って説明しようとするなら、ここで真っ直ぐに自己同型の作る群（それは、あみだクジの群と同じものになります）とガロアの定理の解説に向かうのが筋でしょう。

　しかし、現在では、群の考え方は方程式の解のことを解き明かすためだけに使われるわけではなく、もっと広汎な分野で応用されています。それは、群の考え方がさまざまな思考対象に対して有効な方法論であることがわかってきたからです。

　実は、群は、この世界の成り立ちを解明する上で不可欠な知識なのです。化学物質の組成を調べるのにも、繰り返しパターンか

ら成るデザインなどを生み出すときにも、また、宇宙がはじまったときの物質の状態を知るにも有効な道具です。

したがって、本書でも、先を急がず、ここではもっと群についての知識を深めることとしましょう。

群を理解するためには、元の個数が有限であるような「有限群」、そして演算に関して交換法則が成り立つ可換群と成り立たない「非可換群」というものを理解するのが大事です。ここでは、そのいくつかの例を紹介しましょう。

---

[演算について閉じている]　(i) $g \circ f$ は $G$ に属する。

[結合法則]　(ii) $h \circ (g \circ f) = (h \circ g) \circ f$

[単位元の存在]　(iii) 任意の $f$ に対して、$f \circ e = f$, $e \circ f = f$, を満たすような $G$ の要素 $e$ が存在する。

[逆元の存在]　(iv) 任意の $f$ に対して、$f \circ g = g \circ f = e$ となる $g$ が存在する。この $g$ を $f^{-1}$ と記す。

---

# まずは、非常にシンプルでばかばかしい例

[例1] $G = \{0\}$、「演算○」=「足し算＋」

計算は $0 + 0 = 0$ の一つしかない単細胞な世界です。単位元は0、0の逆元は0で、(i)(ii)(iii)(iv) 全部が成り立ちます。アホラシイ例ですが、それでもりっぱな群です。

次は、前節でもちらっと紹介したもので、元を二つしか持たない有限群の例です。

[例2] $G = \{+1, -1\}$、「演算○」=「掛け算 ×」

右の掛け算表を眺めてください。

| × | +1 | −1 |
|---|----|----|
| +1 | +1 | −1 |
| −1 | −1 | +1 |

これを見れば、$G$ が演算に閉じていること、すなわち、(i) が一目瞭然でしょう。また、単位元が $e = +1$ であることも、$+1$ の逆元が $+1$、$(-1)$ の逆元が $(-1)$ であることも、対角線のところを見ればすぐわかります。このような演算をすべて表示した表を「**群の乗積表**」と呼びます。この群は、中学1年生が習う正負の数の符号法則、(同符号の積) $= (+)$、(異符号の積) $= (-)$ を、群を使って表現したものと言っていいでしょう。

次は、少し抽象度が高い群です。

[例3] $G = \{$偶数, 奇数$\}$、「演算○」=「足し算 +」

整数を偶数と奇数というふうに2種類に分けしてしまって、種類同士に足し算を導入しているわけです。乗積表は右のようになります。

| + | 偶数 | 奇数 |
|---|------|------|
| 偶数 | 偶数 | 奇数 |
| 奇数 | 奇数 | 偶数 |

この表を眺めれば、(i)(ii) の成立はつかめますし、単位元が $e = $ 偶数であることも、偶数の逆元は偶数、奇数の逆元が奇数であることも見抜けるでしょう。つまり、これは群になるのです。

勘のいい人なら、ここで、[例2] と [例3] はそっくりな構造なんじゃないか、と気づいたことでしょう。実際 [例2] から [例3] へと、

$$(+1) \to 「偶数」、(-1) \to 「奇数」、\times \to +$$

という対応をつければ、[例2] の乗積表は [例3] の乗積表に早変わりします。つまり、[例2] と [例3] は、対象物と演算の見た目は違うけれど、群として全く同じ構造のもの、ということになります。このような「見た目は違うけれど群として全く同じ構造」の二つの群を**同型な群**と呼びます。[例2] と [例3] は同型な群だということです。

　実は、第2章で紹介した（有理数係数の）2次方程式の無理数解 $\alpha$ を有理数に加えて作った2次体 $Q(\alpha)$ の自己同型は群を作ります。このような自己同型は、恒等写像（$e(x)$ と書きましょう）と、解 $\alpha$ をもう一つの解 $\beta$ に対応させる写像（$f(x)$ と書きましょう）とがあります。これらの間に次のような演算を導入します。すなわち、$e \bigcirc f$ を $e(f(x))$ という写像、$f \bigcirc e$ を $f(e(x))$ という写像、$e \bigcirc e$ を $e(e(x))$ という写像、$f \bigcirc f$ を $f(f(x))$ という写像だと定義するのです。このような写像の作り方を「**写像の合成**」といいます。写像 $e$ が「自分自身に対応させる」恒等写像であることから、$e \bigcirc f = f$、$f \bigcirc e = f$、$e \bigcirc e = e$ がすぐに出てきます。また、58ページで解説したように、$f \bigcirc f = e$ となります。このことから、乗積表を作ると次の表ができます。

乗積表を眺めればわかる通り、この群は、明らかに例2や例3の群と同型になります。

| ○ | $e$ | $f$ |
|---|---|---|
| $e$ | $e$ | $f$ |
| $f$ | $f$ | $e$ |

3次以上の方程式に解から作った体についてもこのような自己同型の群を作って分析することになりますが、それはずっと後の章でのお楽しみです。

[例4] G = {0, 1, 2, 3}

「演算○」=「足して4で割った余りを出す」

これは、要するに「**余り算**」なのですが、なじみのない人のために少し詳しく解説しましょう。

例えば、2○3を計算したいときは、「3に2を加えて、4で割った余りを出す」ということをします。したがって、2○3＝1、となるのです。要するに「4で割った余りの計算世界」ということです。乗積表は下のようになります。

| ○ | 0 | 1 | 2 | 3 |
|---|---|---|---|---|
| 0 | 0 | 1 | 2 | 3 |
| 1 | 1 | 2 | 3 | 0 |
| 2 | 2 | 3 | 0 | 1 |
| 3 | 3 | 0 | 1 | 2 |

この乗積表をじっくりと眺めれば、Gが演算○に関して閉じていること、すなわち (i) も、また、結合法則 (ii) も確かめられるでしょう。また、単位元が $e=0$ であることはすぐわかります。さらには、0の逆元は0、1の逆元は3、2の逆元は2、3の逆元

は 1 であることも確認できます。つまり、G はこの演算 ○ に関して群を成すことがわかりました。

ちなみに、これまでの群（例 1、2、3、4）はすべて演算 ○ に関して交換法則 ($b \bigcirc a = a \bigcirc b$) が成り立っています。交換法則が成り立っている群を、「**可換群**」と言います。実は、あとで見るように、たいていの群には交換法則が成り立たないので、可換群は非常に特別な例であることがわかります。そして、可換群こそが「どういう方程式に解の公式があるのか」というガロアの発見と大きな関わりを持つことをここで予告しておきましょう。

## 図形の対称性は群の源だ

さきほど述べたように、群は現在、方程式とは関係ない対象にも重要な役割を果たすようになっています。それは、群が「図形の対称性」と深い関係を持っているからです。実は、「対称性」と「群」とは表裏の関係にある、と言っていいのです。このことをわかっていただくために、「図形の対称性から群を生み出す」ということを解説するとしましょう。

最初の例は、二等辺三角形です。

△ABC は、AB=AC なる二等辺三角形とします。ご存じのように、二等辺三角形の特徴は、左右対称性にあります。ここで、「左右対称」とはどういうことでしょうか。それは、「裏返すことによって、自分が自分に重なる」ということに他なりません。あ

るいは、こう言い換えてもいいでしょう。「目をつぶっている間に、そのままにするか裏返すかされた場合、目を開けたときに、裏返したのか、そのままだったのか判別がつかない」ということです。このことを群を使って表現するなら、次のような二つの「操作」に注目すべきでしょう。一つは、「動かさない（＝そのままにする）」、これを $e$ という記号で書きます。次に、「△ABC を裏返して、自分自身に重ねる」、このような「操作」を $f$ と書

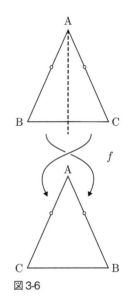

図3-6

くことにしましょう（右図）。「操作」 $e$ と $f$ はともに「△ABC を自分に重ねる」操作であることに注意してください。このように、図形にある操作を施して、元の図形と重ねあわせることを、「**対称操作**」と呼ぶことにしましょう。この言葉を使うなら、二等辺三角形の対称操作は二つある、ということになります。

　対称操作は、明らかに、つないでも一つの対称操作になります。したがって、対称操作たちの間に「つなぐ」という演算を導入することで群を生み出すことができるでしょう。

[例5] 二等辺三角形の対称操作の集合 $G = \{e, f\}$
　　　「演算○」＝「二つの対称操作を続けて行って一つの対称操作にする」

例えば、$f$ と $f$ を演算した $f \bigcirc f$ は、「$f$ と $f$ を接続すること」、すなわち、「△ABC を裏返したあと、再び裏返す」ことを意味します。したがって、結果は「動かさない」対

| ○ | $e$ | $f$ |
|---|---|---|
| $e$ | $e$ | $f$ |
| $f$ | $f$ | $e$ |

称操作と同じになり、$f \bigcirc f = e$ となるわけです。これを踏まえて乗積表を作ると、右のようになります。

これも、例2や例3と同型な群だとわかります。

二等辺三角形は、対称性が一つしかないので、このような単純な群しかできませんでしたが、もっと多くの対称性があれば、もっと複雑な群が生まれることは予想がつくことでしょう。そこで次に、正三角形への対称操作を考えることとします。

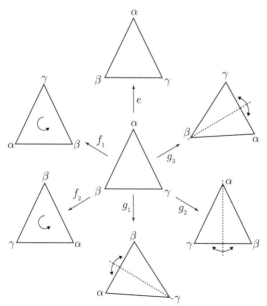

図3-7

正三角形には、二種類の対称性があります。第一は、二等辺三角形と同じく「裏返してもわからない」という線対称性。そして第二は、「回転してもわからない」という回転対称性です。

線対称の軸は3本ありますから、どの軸に対して裏返すかで、三つの対称操作が考えられます。それを図のように、$g_1$、$g_2$、$g_3$ と記すことにしましょう。また、回転させる対称操作は、120度回転と240度回転の二つがありますから、これを $f_1$、$f_2$ と記します。残るは、「動かさない」という対称操作 $e$ です。

これら6個の対称操作たちに対して、「つなげる」ことを演算と定義しましょう。例えば、$f_1$ の操作のあとに $g_1$ の操作をつなげることを、$g_1 \bigcirc f_1$ と記すことにします。これは、下の図のように、$g_2$ となります。

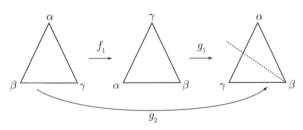

図3-8

[例6] 正三角形の対称操作の集合 $G = \{e, f_1, f_2, g_1, g_2, g_3\}$
「演算○」＝「二つの対称操作を続けて行って一つの対称操作にする」

演算結果 $6 \times 6 = 36$ 個について表にしたものが、次の乗積表です（左列を先に作用させます）。

| ○ | $e$ | $f_1$ | $f_2$ | $g_1$ | $g_2$ | $g_3$ |
|---|---|---|---|---|---|---|
| $e$ | $e$ | $f_1$ | $f_2$ | $g_1$ | $g_2$ | $g_3$ |
| $f_1$ | $f_1$ | $f_2$ | $e$ | $g_2$ | $g_3$ | $g_1$ |
| $f_2$ | $f_2$ | $e$ | $f_1$ | $g_3$ | $g_1$ | $g_2$ |
| $g_1$ | $g_1$ | $g_3$ | $g_2$ | $e$ | $f_2$ | $f_1$ |
| $g_2$ | $g_2$ | $g_1$ | $g_3$ | $f_1$ | $e$ | $f_2$ |
| $g_3$ | $g_3$ | $g_2$ | $g_1$ | $f_2$ | $f_1$ | $e$ |

　この乗積表を眺めると、この群の複雑さが思いやられるでしょう。最も注目すべきことは、この群では**交換法則が成り立たない**、という点です。それは**乗積表が右下がりの対角線に対して対称でないこと**からすぐわかります。あるいはもっと具体的に、$g_1 ○ f_1 = g_2$ と $f_1 ○ g_1 = g_3$ からもわかります。つまり、この群は可換群ではない、ということです。このような群は「非可換群」と呼びます。

　実は、この群は、今までに出てきたある群と同型であるのですが、おわかりになるでしょうか。そうですね。これは、スリーカードモンテの作る群、あるいは、縦線が3本のあみだクジの作る群と同型なのです。例えば、$\alpha \to K$、$\beta \to Q$、$\gamma \to J$ と対応させるなら、$f_1$ は $\tau$ に対応し、$g_2$ は $\sigma$ に対応する、というような具合になります。

　正三角形の対称操作の作る群を分析したのですから、次は、対称性が山ほどある図形として正方形を取り上げるのが筋でしょう。正方形の対称操作の作る群を考えることにします。

正方形には、「回転してもわからない」という対称操作、「裏返してもわからない」という対称操作があります。「回転」の対称操作は、90度回転、180度回転、270度回転の3通り（図3-9）があり、「裏返し」の対称操作は、図3-10のような4通りの対称軸に対する裏返し方があります。

これらの対称操作に対して、図のように記号を与えておきましょう。

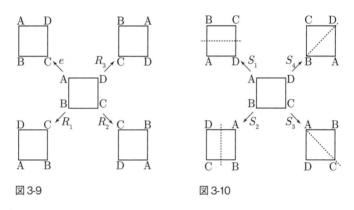

図3-9　　　　　　　　図3-10

[例7] $G = \{e, R_1, R_2, R_3, S_1, S_2, S_3, S_4\}$

「演算○」＝「二つの対称操作を続けて行って一つの対称操作にする」

演算結果を少し分析してみましょう。例えば、二つの線対称操作 $S_2$ と $S_3$ に対しては、演算 $S_3 \bigcirc S_2$ は「まず $S_2$ の対称操作を行い次に $S_3$ の対称操作を行う」ことを意味します。図3-11からその結果が90度の回転移動 $R_1$ になることがわかるので、$S_3 \bigcirc S_2 = R_1$ となります。このことは「二回の線対称操作は1回の

回転対称操作」という法則を意味しています。回転対称操作のあと線対称操作を行う場合は、例えば $S_1 \bigcirc R_1 = S_3$ などのように、演算結果が線対称操作となることが

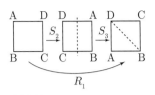

図3-11

わかります。これは「回転対称操作のあと線対称操作をすると線対称操作」という法則を示唆しています。

さて、この例8の乗積表は$8 \times 8 = 64$マスの演算結果のような表（左列が先に作用）となってかなり巨大で、かなり複雑なものとなることがわかるでしょう。もちろん、この群は非可換群です。

| ○ | $e$ | $R_1$ | $R_2$ | $R_3$ | $S_1$ | $S_2$ | $S_3$ | $S_4$ |
|---|---|---|---|---|---|---|---|---|
| $e$ | $e$ | $R_1$ | $R_2$ | $R_3$ | $S_1$ | $S_2$ | $S_3$ | $S_4$ |
| $R_1$ | $R_1$ | $R_2$ | $R_3$ | $e$ | $S_3$ | $S_4$ | $S_2$ | $S_1$ |
| $R_2$ | $R_2$ | $R_3$ | $e$ | $R_1$ | $S_2$ | $S_1$ | $S_4$ | $S_3$ |
| $R_3$ | $R_3$ | $e$ | $R_1$ | $R_2$ | $S_4$ | $S_3$ | $S_1$ | $S_2$ |
| $S_1$ | $S_1$ | $S_4$ | $S_2$ | $S_3$ | $e$ | $R_2$ | $R_3$ | $R_1$ |
| $S_2$ | $S_2$ | $S_3$ | $S_1$ | $S_4$ | $R_2$ | $e$ | $R_1$ | $R_3$ |
| $S_3$ | $S_3$ | $S_1$ | $S_4$ | $S_2$ | $R_1$ | $R_3$ | $e$ | $R_2$ |
| $S_4$ | $S_4$ | $S_2$ | $S_3$ | $S_1$ | $R_3$ | $R_1$ | $R_2$ | $e$ |

この群については、「どの元も4個つなぐと単位元になる」、という性質があります。これが「あみだクジの法則その2」（76ページ参照）に対応する性質です。例えば、$R_3$は270度回転ですから、4個つないだ、$R_3 \bigcirc R_3 \bigcirc R_3 \bigcirc R_3$は$270 \times 4 = 1080$度回転です。1080は360の倍数ですから、この対称操作は「動かさない」対称操作$e$と同じになります。また、$S_3$は対角線に関して裏返す対称操作ですから、2個つなげば$e$となります。もちろん、4個でも$e$となります。

# 群は、私たちの実生活でも役に立っている!

　今までの解説で、読者の皆さんは、群というものをとても抽象的に感じたかもしれません。しかし、そんな群も、私たちの生活で重要な役割を果たしているということを紹介しておきましょう。

　生物や物質の形状を調べるとき、群と対称操作はとても役に立ちます。

　例えば、理想的に成長した尿素の結晶は、図3-12のような形状をしているそうです。柱状で、その断面は正方形で、柱の上と下に屋根型の面があり、屋根の傾斜は上も下も同じです。ただし、屋根の付きかたが上と下で異なっており、90度回転した位置についているのです。この形の実体を把握するには、対称操作が有効です。この結晶は、中心を通る軸のまわりに90度回転させ、次に柱の真ん中の、柱に垂直な断面にあると仮想した鏡面で反射させると、得られた形は前の状態と区別することができなくなる、そういう対称性を備えていることになるわけです。このことを専門の言葉では、「理想的に成長した尿素の結晶は、4回回映軸を持つ」というそうです。

　このように、対称操作とそれが生み出す群は、物質の対称性を理解する上で、今では欠かすことのできない道具なのです。

　とりわけ、鏡像を作る対称操作は、私たちの生活に深い関わりを持っています。不思議なことですが、多くの化学物質は、それを鏡に映した形は同じものではなく、別の物質になるのです。鏡

映対称操作で作られた「鏡像」が異なる物質になるものを専門の言葉で、「キラル」といいます。例えば、ガムやキャンディなどでおなじみのスペアミントの香り成分は、キラルです。その鏡像物質は、香草ディルの香り成分で、スペアミントとは異なる香りなのだそうです。構成する分子も同じ、その結

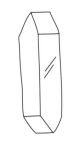

理想的に成長した尿素の結晶

図3-12

合の仕方も、鏡に映したものとしてそっくりなのにもかかわらず、その香りは全く異なったものになるのは不思議です。ほとんどの場合、キラルの鏡像物質は自然界には存在せず、化学合成によって人工的に作られるもの、ということです。人工甘味料は、キラルのこの性質を上手に利用し、甘みを感じるけれど体には吸収されない物質を人工的に生み出したものだというのは有名でしょう。

このように化学物質やそれを組み立てた生物・植物の体の性質は、群と切っても切れない関係にあるのです。

## Column　ガロアの別定理〈前編〉

　ガロアは「5次方程式の非可解性」以外の定理も発見していました。それは、連分数に関わる定理で、1828年のことです。以下、その定理を紹介しましょう。

## Column

## ガロアの別定理 〈前編〉

まず、連分数とは何かを説明します。

例えば、有理数 $q=\dfrac{11}{4}$ の連分数は次のように求められます。まず、$q$ の整数部分 $k_0$ を求めます。$q=2.75$ なので、$k_0=2$ です。次に、$q$ から $k_0$ を引いて小数部分を求め、その逆数を $q_1$ とします。

$q-k_0=\dfrac{3}{4}$ なので、$q_1=\dfrac{4}{3}$ となります。そして、$q_1$ の整数部分を $k_1$ とします。$q_1=1.33\cdots$ なので、$k_1=1$ です。再度、$q_1$ から $k_1$ を引いて小数部分を求め、その逆数を $q_2$ とします。$q_1-k_1=\dfrac{1}{3}$ だから、$q_2=3$ です。$q_2$ が整数 $k_2=3$ となって、作業が終了します。このとき、$q=\dfrac{11}{4}$ は、$k_0$, $k_1$, $k_2$ を使って、図のように連分数で表されるのです。

$$q=k_0+\cfrac{1}{k_1+\cfrac{1}{k_2}}=2+\cfrac{1}{1+\cfrac{1}{3}}$$

図

$q$ が有理数の場合は、この作業は必ず有限回で整数となって終了します。つまり、有理数は有限の段数の連分数で表現できるわけです。

$q$ が無理数であるようなルート数の場合は、連分数には非常に面白いことが起きます。ルート数に対して同じ操作をすると、整数部分の数列、$k_0$, $k_1$, $k_2$, $\cdots$ は必ず途中で繰り返しが起き、連分数が循環するのです。ガロアは、それに加え、さらに面白い現象を発見しました。

（後編に続く）

群は対称性の表現だ
〜部分群とハッセ図

# 第4章

# 群のおなかの中の小さな群

　第3章では、群の定義を述べ、いろいろな群の例を挙げました。群とは、「つなぐことができる」「変えないことができる」「もとにもどすことができる」の3条件のある世界のことでした。そして、群は図形の形状、とりわけその対称性と深い関わりを持っていることを明らかにしました。この章では、さらにその分析を一歩先に進めることとしましょう。

　対象物の対称性を理解するには、それへの対称操作の作る群だけではなく、その群の内部がどんな具合になっているかを分析することが有効なのです。そのために私たちは、群の内部にある小さな群、「部分群」というものを扱うことにします。

　「Nが群Gの部分群である」とは、群Gのいくつかの元を取り出して作った集合Nが、Gと同じ演算に関して群を構成していることをいいます。言ってみれば、「群のお腹の中にある小さな群」というところでしょう。

　まず、どんな群Gにも当たり前の部分群が二つあります。

　一つは、いうまでもなく、Gそのものです。そして、もう一つは、単位元$e$だけから成る$\{e\}$です。これは、$e \circ e = e$という計算だけから成り、単位元は$e$、$e$の逆元は$e$というシンプルな構造の群です。

　例えば、Gを整数の集合として、演算を足し算としましょう。このとき、Nを0だけからなる集合、つまりN = $\{0\}$とすれば、

これは群になります（第3章の例1です）。演算は$0+0=0$しかない単細胞な群ですが、りっぱな群です。

整数の加法群Gの当たり前でない部分群として最初にあがるのは、N＝｛すべての偶数（負数を含む）｝でしょう。二つの偶数の和は偶数ですから、Nは足し算という演算に閉じています。0は偶数ですから、Nは単位元0を含んでいます。また、$x$が偶数なら$(-x)$も偶数ですから、任意の元の逆元もちゃんとNに含まれています。これで、Nが整数の加法群Gの部分群とわかりました（この部分群は第8章で再び取り上げます）。

同様にして、N＝｛3の倍数（負数を含む）｝としても、NはGの部分群であるとわかるでしょう。

## 正方形の対称操作の群の部分群をすべてみつけよう

では、このような部分群すべてをみつけるうまい方法があるでしょうか。以下、このことについて追求していくことにします。

そのために、第3章の例7として出した「正方形の対称操作の作る群」をもう一度呼び出しましょう。

正方形の対称操作は、「動かさない」操作$e$の他に、回転対称操作と線対称操作とがあります。回転対称操作は、90度、180度、270度の3つの回転対称操作です（図4-1）。それを順に$R_1$, $R_2$, $R_3$と書きました。また、正方形を自分自身に重ねる線対称操作は、図4-2のような$S_1$, $S_2$, $S_3$, $S_4$の4種類がありました。

Gの元同士の演算$8\times8=64$通りの結果をすべて列挙したのが

右下の表です。

この群Gの乗積表を眺めながら、Gのすべての部分群をみつけ出す試みをしましょう。

すぐにみつかるのは、当たり前の部分群であるG自身と、単位元だけから成る部分群$\{e\}$です。

それから、回転対称操作だけから成る集合

$$\{e, R_1, R_2, R_3\} \quad \cdots ①$$

も部分群になることがわかるでしょう。回転対称操作をつなぎ合わせたものも回転対称操作に他ならないと容易に理解できます。この部分群の乗積表は、右の表の左上部分（$e$と$R$記号だけでできているグレーの部分）にあたります。これは、意外なことですが、第3章の例4と同型の群になります。$e \to 0$、$R_1 \to 1$、$R_2 \to 2$、

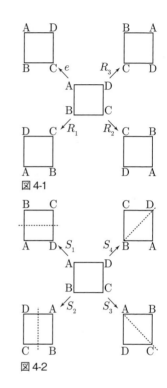

図 4-1

図 4-2

| ○ | $e$ | $R_1$ | $R_2$ | $R_3$ | $S_1$ | $S_2$ | $S_3$ | $S_4$ |
|---|---|---|---|---|---|---|---|---|
| $e$ | $e$ | $R_1$ | $R_2$ | $R_3$ | $S_1$ | $S_2$ | $S_3$ | $S_4$ |
| $R_1$ | $R_1$ | $R_2$ | $R_3$ | $e$ | $S_3$ | $S_4$ | $S_2$ | $S_1$ |
| $R_2$ | $R_2$ | $R_3$ | $e$ | $R_1$ | $S_2$ | $S_1$ | $S_4$ | $S_3$ |
| $R_3$ | $R_3$ | $e$ | $R_1$ | $R_2$ | $S_4$ | $S_3$ | $S_1$ | $S_2$ |
| $S_1$ | $S_1$ | $S_4$ | $S_2$ | $S_3$ | $e$ | $R_2$ | $R_3$ | $R_1$ |
| $S_2$ | $S_2$ | $S_3$ | $S_1$ | $S_4$ | $R_2$ | $e$ | $R_1$ | $R_3$ |
| $S_3$ | $S_3$ | $S_1$ | $S_4$ | $S_2$ | $R_1$ | $R_3$ | $e$ | $R_2$ |
| $S_4$ | $S_4$ | $S_2$ | $S_3$ | $S_1$ | $R_3$ | $R_1$ | $R_2$ | $e$ |

$R_3 \to 3$ と対応させれば、そっくりの乗積表ができあがります。

他にもみつかるでしょうか。

まず、部分群の定義から、部分群は単位元 $e$ を含んでいなければなりません。そこで、これに何か一つだけ元を付け加えただけの 2 個の元から成る部分群ができないかどうか考えてみます。

すぐに気がつくのが、

$\{e, S_1\}$  …②

| ○ | $e$ | $S_1$ |
|---|---|---|
| $e$ | $e$ | $S_1$ |
| $S_1$ | $S_1$ | $e$ |

という部分群です。これはみごとに部分群となります。それは G の乗積表から $\{e, S_1\}$ の部分だけを抜き出してみればはっきりします。

この表の、$S_1 \bigcirc S_1 = e$ は「同じ線対称操作をつなぐと何もしないのと同じ」ということを意味します。裏返しの裏返しは元に戻るから当然ですね。つまり、$S_1$ の逆元は $S_1$ 自身であり、それはこの部分群②にちゃんと含まれています。

これがわかると、これと「同型」の部分群、つまり乗積表がそっくりな群がすぐさまみつかります。それは次の 3 個です。

$\{e, S_2\}$ …③, $\{e, S_3\}$ …④, $\{e, S_4\}$ …⑤

これらはすべて「裏返しに裏返しはもとのまま」ということを意味する群です。

これらは、$e$ に線対称操作を1個つけ加えて作ったわけですが、回転対称操作を1個つけ加えて部分群にできるでしょうか。少し考えてみれば、そうなるのは180度の回転対称操作をつけ加えた次の集合だけだとわかります。

$$\{e, R_2\} \quad \cdots ⑥$$

これは、部分群として先の四つとは意味的に異なるものですが（先のものは線対称操作で、これは回転対称操作だからです）、しかし、これ

| ○ | $e$ | $R_2$ |
|---|---|---|
| $e$ | $e$ | $R_2$ |
| $R_2$ | $R_2$ | $e$ |

も部分群②と「同型」の部分群だということは、乗積表から明らかでしょう。

これまでで、8個の部分群が見つかりました。これで全部の部分群が見つかったでしょうか。残念ながら、まだあります。時間と興味がある読者の皆さんは、ぜひ、ここでいったん読むのを止めて、残る2個の部分群をご自分で探してみてくださいませ。そういう作業に取り組むことこそが、数学の概念の理解のために最もよいことであり、何よりとても楽しい作業だからです。

さて、残る部分群は次の2個です。

$$\{e, R_2, S_1, S_2\} \quad \cdots ⑦$$
$$\{e, R_2, S_3, S_4\} \quad \cdots ⑧$$

| ○ | $e$ | $R_2$ | $S_1$ | $S_2$ |
|---|---|---|---|---|
| $e$ | $e$ | $R_2$ | $S_1$ | $S_2$ |
| $R_2$ | $R_2$ | $e$ | $S_2$ | $S_1$ |
| $S_1$ | $S_1$ | $S_2$ | $e$ | $R_2$ |
| $S_2$ | $S_2$ | $S_1$ | $R_2$ | $e$ |

| ○ | $e$ | $R_2$ | $S_3$ | $S_4$ |
|---|---|---|---|---|
| $e$ | $e$ | $R_2$ | $S_3$ | $S_4$ |
| $R_2$ | $R_2$ | $e$ | $S_4$ | $S_3$ |
| $S_3$ | $S_3$ | $S_4$ | $e$ | $R_2$ |
| $S_4$ | $S_4$ | $S_3$ | $R_2$ | $e$ |

　これは、回転対称操作と線対称操作が入り混じったものなので、なかなかみつけられなかったのではないかと思います。これらが実際に部分群となることは、上の乗積表で確かめてください。
　また、⑦と⑧が同型の部分群であることも確認してみましょう。

## 巡回群という特別な群

　もっと効率的に部分群を列挙することができないでしょうか。
　ある種の部分群は、簡単にみつけることができます。それは、一つの元を特定して、その元を演算し続けることです。例えば、元 $R_1$ を2回、3回、と演算していくと、新しい元が生まれ、4回目に $e$ が現れて、5回目は $R_1$ に戻り、あとは同じことが繰り返されます。

$$R_1 ○ R_1 = R_2、$$
$$R_1 ○ R_1 ○ R_1 = R_3、$$
$$R_1 ○ R_1 ○ R_1 ○ R_1 = e、$$

このようにして、96ページ①の $\{e, R_1, R_2, R_3\}$ という群を見つけることができます。一つの要素を何回も演算していくことで作られる群を「**巡回群**」と呼びます。部分群を探すときにまずやってみるべき作業は、このような巡回群を列挙することなのです。$S_1$ に対して、同様のことを行うと、$S_1 \bigcirc S_1 = e$ から巡回群 $\{e, S_1\}$ が得られます。巡回群を作ることで、10個の部分群のうち、①、②、③、④、⑤、⑥、それと $\{e\}$ の7個は発見できてしまうでしょう。

実は、巡回群という群は、「$n$ 次方程式の解の公式」を考えるときに重要な役回りをすることが、あとあとの章でわかりますから、巡回群にはぜひともなじんでおいてください。

ところで、残る⑦⑧の部分群、及び $G$ 自身は巡回群ではありません。巡回群でないような部分群については、どうやったら見つけることができるでしょうか。実は、このことこそがガロアの発見とつながりを持つことだと本書で次第に明らかになって行くでしょう。それは、部分群というのが図形の対称性と表裏の関係にある、ということなのです。次節でそのことをお話ししましょう。

## ハッセ図とは、部分群の家系図

今度はこれら10個の部分群の関係を分析してみることにしましょう。

実は、部分群たちの間にもさらなる部分群の関係があります。例えば、②や③や⑥は $G$ の部分群であるばかりでなく、⑦とい

う群の部分群でもあります。このような「群－部分群」という関係を図式的に表現してみましょう。それには、「**ハッセ図**」という図法を使います。それは、群とその部分群の関係になっているものを線で結び、ネットワークのような図（図4-3）を作ることです。下図がハッセ図です。似た例を挙げるなら、家系図がそれにあたるでしょうか。

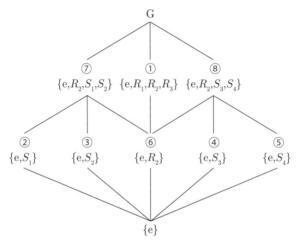

図 4-3

この図において、線で結ばれているものは、上にある部分群が下にある部分群を部分群としてまるまる含んでいることを表しています。つまり、線でつながっている場合、下の群は、Gの部分群であるだけではなく、すぐ上の群の部分群でもある、すぐ上の群もさらにその上の群と線でつながっているなら、最初の群は、その上の上の群に対しても部分群ということになります。

さて、群 G は、「正方形を自分自身に重ねる対称操作すべての集まり」でした。だからきっと、群 G の部分群 N も「四角形 X を自分自身に重ねる対称操作すべての集まり」と捉えることができるでしょう。それぞれの部分群について四角形 X が何であるかを突きとめることにしましょう。

最もつまらない場合ですが、部分群 N が $\{e\}$ である場合はすぐわかります。$e$ は「動かさない」という対称操作ですから、正方形はもちろんのこと、どんな四角形でも不変にします。つまり、四角形 X とはすべての四角形です。

次に、部分群 N として $\{e, S_3\}$ を考えてみましょう。$S_3$ は「四角形の対角線 AC に関する線対称移動」でした。したがって、正方形だけでなく「たこ形」もこの二つの移動で自分に重なります（右図）。つまり、この部分群 N に属する 2 個の対称操作すべてで不変な図形とは、正方形を含む「AC を軸とするたこ形」全体なのです。

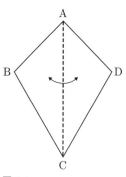

図4-4

このように、G の部分群として群を小さくすると、その群に含まれる対称操作すべてで不変となる四角形の世界は逆に広がります。これを図式化すると次のようになるでしょう。

このような図形 X、すなわち、「部分群に属するすべての対称操作で自分が自分に重なるような四角形」の集合をその部分群に対する「**固定四角形**」と呼ぶことにします。部分群 $\{e, S_3\}$ に対

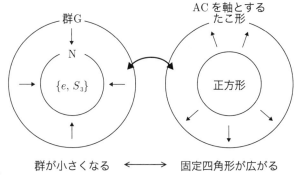

図4-5

する固定四角形は、「対角線ACを軸とするたこ形の集合」ということになります。そして、部分群 $\{e\}$ に対する固定四角形は、「すべての四角形の集合」です。もちろん、両方の固定四角形の集合に正方形が含まれます。

同様に考えると、部分群② $=\{e, S_1\}$ に対する固定四角形は、「辺ADと辺BCが等脚である等脚台形の集合」となります（右図）。

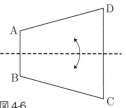

図4-6

また、部分群⑥ $=\{e, R_2\}$ の固定四角形は、「平行四辺形の集合」となります。180度の回転対称操作で自分に重なる図形が平行四辺形であることは皆さんもよくご存じでしょう。

さらには、部分群⑦ $=\{e, R_2, S_1, S_2\}$ の固定四角形は「長方形の集合」です。長方形は対辺の中点を結ぶ線に対して線対称性を持っており、かつ、対角線の交点を対称点とする点対称図形だ

からです。

また、部分群⑧ $=\{e, R_2, S_3, S_4\}$ の固定四角形は「ひし形の集合」です。ひし形は両方の対角線に対する線対称性を持っていて、さらには点対称でもあるからです。

これら部分群から固定四角形を求めることは、「その部分群がどんな対称性を表現しているか」ということに依存するといえます。

さて、群のときと同じように、これらの固定四角形に対してもハッセ図を作ってみることにしましょう。つまり、「線で結ばれた四角形の集合は上の集合が下の集合を含む」ように図式化するのです。下図のようになります。

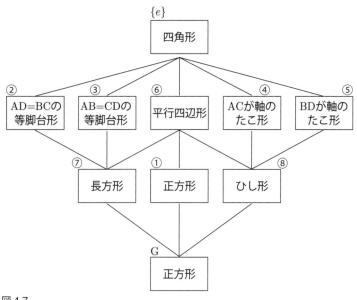

図 4-7

このハッセ図をよくよく眺めると面白いことに気がつくはずです。101ページの部分群のハッセ図を比べて見てください。まるで図式が逆さになっていることが発見できるでしょう。

　一見不思議なことですが、よく考えてみれば当たり前だとわかります。

　例えば、部分群⑦は部分群②を丸々含んでいます。したがって、⑦で固定される四角形は、当然、②でも固定されるので、⑦の固定四角形は②の固定四角形に含まれていなければならないのです。103ページの図4-5のように、群が小さくなると固定四角形の集合は大きくなるのです。これが「ハッセ図が逆転すること」の理由なのです。

　ここまで理解した人なら、次のように思い当たることでしょう。「部分群を見つける作業は難しかったけれど、逆に固定四角形の方からアプローチして部分群を見つけていたら、もっとずっと簡単だったのではないか」と。まさに、その通りなのです。例えば、「ひし形」の対称性に注目して、ひし形を不変にするGの元をピックアップすれば、⑧の部分群はすぐみつかったことでしょう。

　実は、この発想こそが、ガロアのアイデアの中核となったものです。要は「群のハッセ図」と「固定図形のハッセ図」がぴったり対応していることを、そのまま方程式の話に移植すると、「自己同型の群のハッセ図」と「固定される代数体のハッセ図」がぴったり対応していることがわかります。そして、この対応を利用して、「方程式が四則とべき根で解けるか」という代数体に対するハッセ図の話を、あるタイプの部分群たちのハッセ図の話にす

り替えることができるわけです。今の話では、固定四角形から部分群をみつけたわけですが、ガロアのアイデアは、

「部分群のハッセ図からアプローチして固定代数体のありかたを特定する」

という逆方向の道を行くのです。その劇的なアプローチは、あとの章でのお楽しみ、ということで。

## 部分群を使って群全体を分類する

ここで、ちょっと不思議な作業をしてみましょう。以下は、部分群を考えることの一つの大事な意味を与えるものになります。

部分群というのは、演算について閉じた世界です。正方形の対称操作の群Gに関して言えば、部分群とはハッセ図の中の一つの固有な対称図形（固定四角形）に対応するものでした。今、ある一つの部分群に注目し、それに属するすべての元それぞれにある同じ一つの元を演算することをやってみましょう。

例として、正方形の対称操作の群Gの部分群②、すなわち$\{e, S_1\}$で考えてみましょう。これをHと記すことにします。このH＝$\{e, S_1\}$は、ハッセ図を見ればわかるように、等脚台形を固定するような対称操作の作る部分群です。このHに属する元、$e$と$S_1$、それぞれにあるGの一つの元を演算して別の集合を作るわけです。演算するGの元を$f$とするなら、$\{f \circ e, f \circ S_1\}$

という集合を作ります。これは以下のような記号で略記します。

$$fH = \{f \bigcirc e, f \bigcirc S_1\}$$

　例えば、$f$として90度の回転対称操作$R_1$を選ぶなら、乗積表から$R_1 \bigcirc e = R_1$、$R_1 \bigcirc S_1 = S_4$ですから、

$$R_1 H = \{R_1, S_4\}$$

となります。これを専門の言葉で「**右剰余類**」といいます。詳しくいうと、「$R_1$を含むHの右剰余類」です。「剰余類」という言葉が何を意味するかについては本質的ではないのでここでは割愛します。要するに、等脚台形を固定するような元すべてに90度の回転対称操作$R_1$をつないだらどんな対称操作の集まりになるか、それを表すものなのです。無理に喩えるなら、「**対称性をずらす**」という感じでしょうか。乗積表を利用して、Gのすべての元について、それを含むHの右剰余類を列挙してみましょう。

$$eH = \{e, S_1\}, \qquad S_1 H = \{e, S_1\}$$
$$R_1 H = \{R_1, S_4\}, \quad S_4 H = \{R_1, S_4\}$$
$$R_2 H = \{R_2, S_2\}, \quad S_2 H = \{R_2, S_2\}$$
$$R_3 H = \{R_3, S_3\}, \quad S_3 H = \{R_3, S_3\}$$

　これらを眺めてみると、いくつか面白い発見があるはずです。第一は、$fH$の2個の要素は必ず異なっている、ということ。第

二は、右剰余類は全部二つの元でできている、ということ。第三は、右剰余類は完全に同じになるか全く重なりがないか、いずれかになっていることです。例えば、$R_1$H と $S_4$H は完全に同じですが、他の6個とは全く重なりがありません。実は、これらのことは、正方形の対称操作の群Gだけではなく、すべての群について成立することなのです。

第一の「$f$Hの中に一致する元がない」は、次のように証明できます。

$f$Hの中の二つが一致して、異なるHの要素 $h_1$ と $h_2$ に対して $f \bigcirc h_1 = f \bigcirc h_2$ だったとしましょう。このとき、両辺に左側から $f$ の逆元 $f^{-1}$ を演算します（一般に $f$ の逆元を $f^{-1}$ と書きます）。$f^{-1} \bigcirc f \bigcirc h_1 = f^{-1} \bigcirc f \bigcirc h_2$。ここで、逆元の性質から $f^{-1} \bigcirc f = e$ なので、その結果、$h_1 = h_2$ となり、$h_1$ と $h_2$ が異なっていたことに矛盾します。

第二の事実「Hによるすべての右剰余類はHと同じ個数の元から成る」は、第一の事実から直接出てきます。

第三の事実はどうでしょう。もしも、Gの異なる二つの元 $f_1$ と $f_2$ に対して、$f_1$H と $f_2$H に共通の元があったとします。これは、Hの要素である $h_1$ と $h_2$ に対して、$f_1 \bigcirc h_1 = f_2 \bigcirc h_2$ となっていることです。このとき、両辺に右側から $h_2$ の逆元である $h_2^{-1}$ を演算しましょう。Hは部分群ですから、$h_2$ の逆元 $h_2^{-1}$ はHの元です。$f_1 \bigcirc h_1 \bigcirc h_2^{-1} = f_2 \bigcirc h_2 \bigcirc h_2^{-1}$ と $h_2 \bigcirc h_2^{-1} = e$ から、$f_1 \bigcirc h_1 \bigcirc h_2^{-1} = f_2$ が導かれます。すると、Hの任意の元 $h$ に対して、$f_2 \bigcirc h = f_1 \bigcirc h_1 \bigcirc h_2^{-1} \bigcirc h$ となって、$h_1 \bigcirc$

$h_2^{-1} \bigcirc h$ が H の元であることを考えれば、$f_2 \bigcirc h$ は $f_1 \mathrm{H}$ の元になります。つまり、$f_2 \mathrm{H}$ の元が一つでも $f_1 \mathrm{H}$ に含まれるなら、$f_2 \mathrm{H}$ のすべての元が $f_1 \mathrm{H}$ に含まれてしまうわけです。したがって、右剰余類を作ると、完全に一致するか全く重ならないかのいずれかになります。

以上の三つの事実から、「群 G は部分群 H を使って重なりなく同じ個数の集合に区分けされる」ということがわかりました。イメージ化すると下の図のようになります。

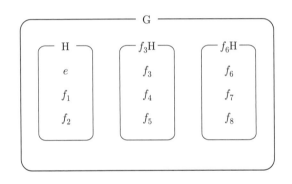

図 4-8

そして、以下の重要な法則が導かれます。

---
**部分群の元数の法則**

群 G の部分群 H の元の個数は、必ず、G の元の個数の約数となる。

---

これは、部分群Hによるどの剰余類も H と同じ元の個数になることから明らかです。実際、先ほどのハッセ図を見直せばわかる通り、8個の元から成る正方形の対称操作の群Gの部分群の元の個数は、1, 2, 4, 8のいずれかとなっていて、確かにすべて8の約数です。

　この法則からもっと面白いこともわかります。100ページで、巡回群になっている部分群の作りかたを説明しました。有限群Gの任意の元 $f$ を固定し、それ自身を任意の個数演算した元を作って行くわけです。具体的には $f$, $f \bigcirc f$, $f \bigcirc f \bigcirc f$, …というふうに元を作ります。Gは有限群ですから、いつまでも異なる元が作られることはなくいつか同じ元が出てきます。例えば、7個演算したものが3個演算したものと一致したとしましょう。

$$f \bigcirc f \bigcirc f \bigcirc f \bigcirc f \bigcirc f \bigcirc f = f \bigcirc f \bigcirc f$$

　この式の両辺に $f$ の逆元 $f^{-1}$ を3個、右から演算すれば、$f \bigcirc f \bigcirc f \bigcirc f = e$ となります。このように、$f$ を演算し続けるといつか単位元 $e$ にたどりついて、そこからは繰り返しになります。このような作業から部分群である巡回群

$$H = \{\ f,\ \ f \bigcirc f,\ \ f \bigcirc f \bigcirc f, \cdots, e\}$$

が得られるわけです。上記の「部分群の元数の法則」から、この巡回群の部分群の元の個数はGの元数の約数でなくてはなりま

せん。すなわち、（Hの元数）×k＝（Gの元数）、です。一方、今の議論でわかるとおり、$f$を（Hの元数）個演算すると単位元$e$になります。したがって、$f$を（Hの元数）×k（＝Gの元数）個演算しても単位元$e$となります。これから78ページのあみだクジのところで予告した次の法則が成り立ちます。

> **拡張されたオイラーの法則**
> 群Gの任意の元$f$について、$f$をGの元数と同じ回数演算すると必ず単位元になる。

これは、整数論で有名なフェルマーの定理やオイラーの定理の拡張になっています（これらの定理に興味がある人は、拙著『世界は素数でできている』角川新書参照のこと）。

## 区分けした領域が再び群の構造を持つことがある

部分群の右剰余類で、群全体が区分けされることを説明しました。右剰余類があるのなら、当然、左剰余類だってあるでしょう。もちろん、あります。そして、左剰余類によって、元の群が区分けされることも同じです。

面白いのは、右剰余類と左剰余類に密接な関係があることです。「$R_1$を含むHの右剰余類」$R_1$Hに一致する「$R_1$を含む部分群Nの左剰余類」N$R_1$が存在します。実際、部分群N＝$\{e, S_2\}$とおくと、N$R_1$＝$\{R_1, S_4\}$＝$R_1$Hとなります。この部分群N

を部分群Hと**共役な部分群**と呼びます。共役とは、右剰余類と左剰余類を入れ替える関係にある部分群同士のことです。

一般の群Gのどんな部分群Hと元$f$に対しても$f$H（$f$を含むHの右剰余類）=N$f$（$f$を含むNの左剰余類）となる部分群Nが、Hと$f$の組ごとに存在します。実際、$f$の逆元$f^{-1}$に対し、$f$H$f^{-1}$={$f \bigcirc h \bigcirc f^{-1}$という元をHの元$h$にわたって集めた集合}は、群になることが簡単に証明できます（やってみてください）。この$f$H$f^{-1}$が求める部分群Nになります。

今の例でいうと、{$e, S_1$}と{$e, S_2$}が共役、{$e, S_3$}と{$e, S_4$}が共役などとなります。

共役な部分群についてとりわけ重要なのは、自分と共役な部分群が自分に限られるものです。すなわち、すべての元$f$に対して$f$H$f^{-1}$=Hとなるものです。言い換えれば、すべての元$f$に対して$f$H=H$f$が成り立つ、つまり、右剰余類と左剰余類が完全に一致する部分群です。このような特別な部分群を**正規部分群**と呼びます。

正規部分群は、非常に重要な性質を備えています。

今、正規部分群Hに対して、任意の右剰余類$f_1$Hと$f_2$Hを選び、それぞれ一つずつ元を取り出して演算してみましょう。$f_1$Hから$f_1 \bigcirc h_1$を$f_2$Hから$f_2 \bigcirc h_2$を取りだし、$(f_1 \bigcirc h_1) \bigcirc (f_2 \bigcirc h_2)$を計算するわけです。

ここで、$h_1 \bigcirc f_2$は左剰余類H$f_2$の元ですから、右剰余類$f_2$Hの中の何かと一致しなければなりません。それを$f_2 \bigcirc h_3$とすれば、$(f_1 \bigcirc h_1) \bigcirc (f_2 \bigcirc h_2) = f_1 \bigcirc f_2 \bigcirc h_3 \bigcirc h_2$となります。こ

こで、Hが群であることから$h_3 \bigcirc h_2$は明らかにHの元となるので、$f_1 \bigcirc f_2 \bigcirc h_3 \bigcirc h_2$は右剰余類$(f_1 \bigcirc f_2)$Hの元となるはずであるとわかります。以上より、次の式が証明されました。

$$(f_1\mathrm{H}) \bigcirc (f_2\mathrm{H}) = (f_1 \bigcirc f_2)\mathrm{H}$$

ただし、左辺は二つの右剰余類$(f_1\mathrm{H})$の任意の元と$(f_2\mathrm{H})$の任意の元を演算してできる元のすべての集合を表します。このことは、右剰余類による区分けに対して、区分けをひとまとまりの単位として、同じ演算に関して群が作られることを意味します。つまり、区分けという大きな塊が同じ演算に関して群を成すわけです。

例えば、部分群⑦のH $= \{e, R_2, S_1, S_2\}$（98ページ）に対して右剰余類を作ってみましょう。

$$e\mathrm{H} = R_2\mathrm{H} = S_1\mathrm{H} = S_2\mathrm{H} = \{e, R_2, S_1, S_2\}$$
$$R_1\mathrm{H} = R_3\mathrm{H} = S_3\mathrm{H} = S_4\mathrm{H} = \{R_1, R_3, S_3, S_4\}$$

となって、部分群HによるGの区分けは2個になります。

このとき、第一の区分けから取り出した元と第二の区分けから取り出した元の演算は、どれを取り出しても必ず第二の区分けの中の元となります。また、第二の区分けから取り出した任意の2個の元の演算は必ず第一に区分けの元となります。

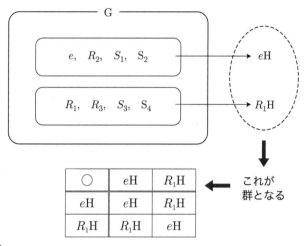

図 4-9

　このように、区分けに対して演算は整合的になり、区分けを塊として群を成すのです。Hが正規部分群であるとは、片方がHの元であるような演算は、Hの元をすりかえることで可換になること、すなわち、

**任意の $f$ と H の任意の元 $h_1$ について、H の元 $h_2$ が存在して、$f \bigcirc h_1 = h_2 \bigcirc f$ となる**

ことを意味します。

　実は、この正規部分群Hこそが、方程式を四則とべき根で解くことにアプローチするガロアのアイデアの中で主役級の役割を果たすものとなります。それは第6章で明らかになります。

空想の数の理想郷～複素数

第5章

# 負数とその平方根

　2次方程式の問題は、第1章で解説したように、紀元前1600年頃のバビロニアの粘土板にも解法が書かれているぐらい、古くから扱われていました。しかし、古代の数学者たちは、正の解だけを解と認めたため、負の解を排除するための面倒な分類を余儀なくされ、なかなか統一感があるような扱いができなかったのです。

　負の数を認めたのは、7世紀頃のインドの数学者だと考えられています。例えば、ブラマグプタは、「正の数を正の数で割っても、負の数を負の数で割っても、正である。正の数を負の数で割ると、負の数である。負の数を正の数で割ると、負である」と書いています。

　このようなインド数学の成果を積極的に取り入れたのは、イスラム文明、今でいうところの中東世界でした。9世紀のイスラムの数学者アルフワリズミは、負の数を解とは認めていなかったようですが、負の解を導入すれば2次方程式の解の公式が統一的に書けることには気づいていたと思われます。方程式に対する負の解は、その後まもなくして受け入れるようになりました。

　しかし、「負数の平方根」、例えば「$-1$の平方根」は、もっとずっと長い間にわたって認められませんでした。なぜなら、正数の2乗は正数、ゼロの平方はゼロ、負数の平方は正数ですから、平方が負になることはありません。負数の存在自体を認めたから

といって、2乗して負数になるものはやはり認められないからです。実際、12世紀のインドの数学者バスカラは、「負の数の平方根はない。負の数は平方ではないからである」と書いています。

これでわかることは、「**2次方程式の解法を手に入れても、それは負数の平方根の発見にはつながらなかった**」ということです。

例えば、2次方程式 $x^2+1=0$ の解を求めることは、$x^2=-1$ を満たす $x$ を求めること、すなわち、「$-1$ の平方根」を求めることと同じです。しかし、そのような数 $x$ は、さきほど言ったように、正数にも負数にも存在しないわけですから、「解なし」とするしかありません。逆に言えば、「解なし」としてしまいさえすれば、それで済むだけのことでした。だから、数学者たちが2次方程式の解法にいくら熟達しても、「負数の平方根」を考える動機付けやきっかけには全くならなかったのです。

## 3次方程式の解法がタブーを突破した

負数の平方根を認めざるを得なくなったのは、面白いことに3次方程式の研究からでした。

3次方程式については、イスラムの数学者たちも熱心に研究しましたが、統一的な解き方の発見には至りませんでした。それに成功したのは、16世紀、しかも舞台はヨーロッパに変わります。

第1章で解説したように、この時代に、遂に3次方程式の解の公式が発見されました。発見したのは、16世紀のフォンタナという天才でした。3次方程式を解く公式を発見したことで、数

学者たちはとても奇妙な現象に突きあたりました。それは、「**ある3次方程式では、解が実数であるにも関わらず、それを表記しようとすると、負数の平方根が避けられない**」という現象でした。

例えば、3次方程式 $x^3 - 6x + 2 = 0$ を取り上げてみましょう。左辺の3次式に $x = -3$ を代入すると結果は $-7$ で負、$-2$ を代入すると結果は $+6$ で正になり正負が逆転します。したがって、$-3$ から $-2$ に向かって $x$ を連続的に大きくしていくと、左辺の値は途中で $0$ になるでしょう。

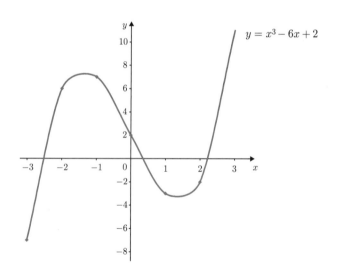

図 5-1

つまり、そこに解があるはずです。同じように計算すれば、0と1の間、2と3の間にも、解があることがわかります。つまりこの3次方程式は、実数（数直線上の数）に三つの解を持ってい

ます。

ところが、この3次方程式をフォンタナの発見した公式で解いてみると、とんでもないことになります。解き方は、次の章で解説しますから、ここでは結果のみを直接書いてしまいましょう。解の一つは、

$$\alpha = -\sqrt[3]{1+\sqrt{-7}} - \sqrt[3]{1-\sqrt{-7}}$$

という得体の知れない数です。ちなみに、ここで $\sqrt[3]{x}$ というのは、$x$ の立方根を表す記号です。解 $\alpha$ の表記に負数 $(-7)$ の平方根 $\sqrt{-7}$ が混入していることに注目してください。

この数 $\alpha$ は、$-3$ と $-2$ の間か、$0$ と $1$ の間か、$2$ と $3$ の間か、どれかにある実数のはずです。

図5-2

しかし、「負数の平方根に1を加えた数の立方根」という全くわけのわからない形で表記されています。

数学者たちは、これは解を求める過渡的な段階の現象だと考え、なんとか負数の平方根を消す処理をして、通常の実数の形で表そうと努力しました。しかし、それはどうやってもかなわなかったのです。それもそのはず。この $\alpha$ の表記から負数の平方根を消

すのは原理的に不可能であることが、だいぶ後になって証明されることとなるのです。そして、「なぜ不可能なのか」は、ガロアの定理から本質的に解明されることとなります。

このようにして、3次方程式の解を表記する上で、負数の平方根は避けられないものであることがわかりました。こうなると、数学者たちは、負数の平方根を無視するわけにはいかず、市民権を与えるしかなくなったのです。数学者は、負数の平方根を「**虚数**」と名付けました。そして、虚数をすべて含むような体を「**複素数**」と名付けました。これから解説する複素数は、3次方程式の解法が出発点であり、ガロアの発見にも欠かせない存在であることを念頭に置いて読んでいっていただきたいと思います。

## 虚数単位 $i$ は、どっちがどっち？

虚数はどう定義したらいいのでしょうか。

まず、「−1の平方根」を基準にします。なぜなら、あとの虚数はすべてそれによって表すことができるからです。

「−1の平方根」は、さきほど解説したように、2次方程式 $x^2+1=0$ の解のことです。しかし、そう言ったとたんに大きな問題が発生します。$x^2+1=0$ は、2次方程式ですから、当然解が2個あるのですが、その二つのうち「どちら」を基準にするかが悩ましいのです。

このことは、$\sqrt{2}$ を定義したときとは根本的に事情が異なっています。2の平方根を決めるときは、2次方程式 $x^2-2=0$ の解

を考えればよかったですね。$x=1$ とすれば左辺 $=-1$、$x=2$ とすれば左辺 $=+2$ です。また $x=-2$ とすれば左辺 $=+2$、$x=-1$ とすれば左辺 $=-1$ となります。よって、2次方程式 $x^2-2=0$ の解は、1と2の間、$-2$ と $-1$ の間に一つずつあるとわかるので、前者、つまり正のほうの解を、記号で $\sqrt{2}$ と書くことを約束すればいいわけです。そうすれば負のほうの解は、そのマイナス1倍で $-\sqrt{2}$ となることもわかります。

事情が異なるとはこのことなのです。$x^2+1=0$ の解というのは実数ではなく数直線上には存在しません。だから、いわば「2匹のお化け」に名前を付けようとしているのですが、どっちがどっちだか見分ける方法が原理的にないのです。実数には四則計算ができる、という代数的な性質の他に、「大きさ」という別の性質があります。しかし、$x^2+1=0$ の解は実数ではないので、代数的な性質しか持っていません。そして、あとでわかることなのですが、**解二つは代数的にはうりふたつで全く区別がつかない**のです。そして、この「うりふたつの双子」こそが、「方程式はなぜ解けるか」に対するガロアの与えた解答と本質的に関係があります。

どんな方程式に対しても、その解たちというのは、「代数的には」区別をつけることができません。このことが、体の自己同型として現れ、対称性の源となるわけです。

$x^2+1=0$ の解は、そんな事情ですから、もう、「どっちでもいいから一方に名前をつける」という手にでるしかありません。$x^2+1=0$ の二つの解のうち、どちらでもいいから一方を「**虚数単位**」と呼び、記号「$i$」で記すことにします。

ここで、$i$ は、「想像上の」「空想上の」を表す英語 imaginary の頭文字をとったものです。この名付けかたを見ても、数学者たちが虚数を「想像」や「空想」のものと見ていたことがわかります。

　さて、$x^2+1=0$ の解の一方を $i$ と決めてしまうと、他方は簡単に表現することができます。仮に、これらの虚数に四則計算が可能なのだと仮定すれば、この 2 次方程式が解けるからです。

　今、定義から、$i^2+1=0$ であることに注意しましょう。$x^2+1=0$ と $i^2+1=0$ とを辺々引き算すれば、$x^2-i^2=0$ が得られます。30 ページの因数分解公式により、$(x-i)(x+i)=0$ となり、「掛けてゼロならどれかはゼロ」という原理がここでも成り立つと考えれば、$x^2+1=0$ の解が、$i$ または $(-i)$ だと求まりました。

　つまり、$x^2+1=0$ の二つの解が、一方が「太郎」で、他方が「花子」だとすれば、「太郎」を $i$ と書くなら「花子」は $(-i)$、「花子」を $i$ と書くなら「太郎」は $(-i)$ となる、ということです。けれども、「太郎」と「花子」は、私たちには見分けることはできず、どちらを $i$ と書いているかはどうやってもわからないのです。

## 虚数単位から体を作ろう

　$(-1)$ の平方根である虚数単位を導入できましたので、今度は、計算ができるようにしましょう。その方法は、第 2 章で解説した「体を作る」のと同じ方法論です。

　第 2 章の 28 ページにおいて、有理数世界 Q に $\sqrt{2}$ をつけ加

えて作る体（たい）、$Q(\sqrt{2})$ を紹介しました。具体的には次のようなものでした。

まず、有理数の集合 Q に $\sqrt{2}$ を付け加えて、それらの数の間の四則計算でできる数を順に付け加えて、さらにまたそれらの間で四則計算を実行して、と次々と数を作って付け加え、もう新しい数ができなくなるまで数を増やしてできる集合が $Q(\sqrt{2})$ でした。結果としては、これは、「（有理数）＋（有理数）$\sqrt{2}$」という形の数の集まりとなりました。それが $Q(\sqrt{2})$ で、四則計算に関して閉じている数世界になりました。

これと全く同じ手続きを、虚数単位 $i$ に対してほどこしましょう。基本的には、数 $i$ を $x$ や $y$ などのような「文字式」と同じように扱うのですが、普通の文字式計算と異なることが一つだけあります。それは、計算の途中で $i^2$ が出現したら、それを $(-1)$ に置き換えていいことにする、という点です。

また今度は、$Q(\sqrt{2})$ を作るのと違って、有理数ではなく「実数」に $i$ を加えて数世界を広げて行きます。「実数」とは、正負の数全体のことで、有理数全部を含んでいるのはもちろんのこと、$\sqrt{2}$ や $\sqrt{3}$ や円周率などの無理数も全部含んでいます。実数の集合は記号で R と書きます。

この実数世界 R に虚数単位 $i$ を加えて、四則計算で数を作っていくわけです。つまり、R に $i$ を付け加えて、それらの数の間の四則計算でできる数を順に付け加えて、さらにまたそれらの間で四則計算を実行して、と次々と数を作って付け加え、もう新しい数ができなくなるまで数を増やしてできる集合 $R(i)$ が求める

世界です。

具体的にやってみましょう。最初に、(実数)×$i$という数ができます。$3i$とか$\sqrt{2}i$などという数です。次に、「(実数)+(実数)$i$」という数ができます。$(-5+3i)$とか$(\pi+\sqrt{2}i)$などといった数です。実はここまで来ると、もう数世界は広がらなくなります。なぜなら、求めるR($i$)は、この「(実数)+(実数)$i$」という形の数の集まりなのです。このことは、有理数に$\sqrt{2}$をつけ加えたQ($\sqrt{2}$)が「(有理数)+(有理数)$\sqrt{2}$」という形の数の集合として飽和することと理屈はまったく同じです。$\sqrt{2}$は2乗すると整数2に戻り、$i$は2乗すると$(-1)$という整数に戻ることが違うだけで、あとは第2章に書いた解説の再現ですから、ここでは省略しましょう。

以上のような手続きで作られた体「(実数)+(実数)$i$」の形の数を「**複素数**」、その集合を「**複素数体**」と呼びます。

## 空想の理想郷〜複素数

このようにして作られた複素数体R($i$)は、その後の数学者たちの研究で、とてもみごとな世界だとわかりました。

例えば、負数の平方根は、すべてこのR($i$)の中に存在している、とわかります。つまり、負数の平方根という「お化け」は、1匹だけ導入すればよく、あとはそいつが化けて作ってくれる、ということです。一例として、前に出てきた$\sqrt{-7}$を見てみましょう。これは負数$(-7)$の平方根ですから、結局のところ、2次方程

式 $x^2+7=0$ の解ということです。これは以下のように、R$(i)$ の中に解を持ちます。$i^2=(-1)$ に注意して、次のように変形しましょう。

$$x^2 + 7 = x^2 - 7(-1) = x^2 - 7i^2 = x^2 - (\sqrt{7}\,i)^2$$

30 ページの公式によって、

$$(x - \sqrt{7}\,i)(x + \sqrt{7}\,i) = 0$$

これより、解は R$(i)$ の中の 2 数、$\sqrt{7}\,i$ と $-\sqrt{7}\,i$、だとわかりました。したがって、$(-7)$ の平方根 $\sqrt{-7}$ は、$\sqrt{7}\,i$ または $-\sqrt{7}\,i$ と定義すればいいわけです。

同じ方法で、すべての負数の平方根を作ることができます。とすると、すべての実数係数の 2 次方程式は、解の公式（49 ページ）で解を与えることができるので、公式におけるルートの中身がマイナスになった場合にも、必ず複素数体 R$(i)$ の中に二つの解があるとわかります。

実は、複素数 R$(i)$ は、もっとずっとすばらしい性質を備えていることが発見されました。

それは、実数係数のどんな $n$ 次方程式も、つまり、10 次方程式であろうが 100 次方程式であろうが、R$(i)$ の中にすべての解を持っていることがわかったのです。そればかりではありません。係数を複素数にしてさえ、どんな $n$ 次方程式もすべての解が複素数の中に見つかります。このことを最初に証明したのは、18 世紀から 19 世紀に活躍した天才ガウスでした。つまり、複素数

というのは、代数方程式について自己完結している一種の理想郷だということがわかったのです。このような集合を「**代数的閉体**」といいます（このガウスの証明に興味がある人は、筆者の本『世界を読みとく数学入門』（角川ソフィア文庫）にエッセンスを解説したものがありますから、参照してください）。

　ひょっとすると、このガウスの発見がガロアの定理と矛盾しているのではないか、という疑問を持つ読者がいるかもしれないので、少しフォローしましょう。16世紀にフォンタナが3次方程式の解法を、フェラリが4次方程式の解法を発見してから、おおまかにいえば次の二つの問題がテーマとなりました。第一は、「高次方程式では複素数の解を避けられないようだが、複素数を許すならすべての解$\alpha$の存在が保証されるのか」、第二は「複素数に解が存在するなら、その解を四則とべき根で求める手続きは存在するのか」というものです。この第一の問題に答えを出したのが、ガウスだったのです。ガウスによって、「どんな高次方程式も複素数の範囲なら解のすべてが存在する」ことが証明されたので、次なる問題は「では、どうやって解を見つけたらいいか」ということになりました。それを解いたのがガロアというわけです。ガロアの解答は、「5次以上の方程式には、複素数の解が存在しているが、それを四則とべき根で求める手続きはない」というものだったというわけです。

# 複素数を目に見えるようにする

　以上で、代数の立場からは複素数というものを理解することができました。しかし、これだけでは、複素数を集めた集合の正体がわかったような気はぜんぜんしません。もっとよくわかるようにするためには、なんとか複素数の世界を図形で表現することです。そして、そのような図形の上で、四則計算がどう表されるかをビジュアル化することなのです。

　このことに、2人の数学者ウェッソンとガウスが、独立に成功しました。彼らは、複素数を平面上の点と対応させたらいい、という着想を持ったのです。例えば、右図のように、$(-5+3i)$ という複素数は、座標

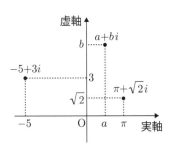

図5-3

$(-5, 3)$ に対応させる。つまり、複素数 $(-5+3i)$ を座標 $(-5, 3)$ の地点に置く、ということです。同様に、複素数 $(\pi+\sqrt{2}i)$ は、座標 $(\pi, \sqrt{2})$ の地点に置きます。一般的にいうと、$a$ と $b$ を実数とするとき、複素数「$a+bi$」を座標 $(a, b)$ の位置に置きます。こうすることで、複素数はすべて平面上の点に置かれることになるわけです。

　ただし、このような発想は、それが何かの見通しを良くしなければ、意味がありません。もし、何の御利益もないなら、複素数

を平面の点に置く、というアイデアは放棄され歴史の中で埋もれたことでしょう。しかし、この方法には確かな利点があったのです。それは、**四則計算が図形的な意味を持つ**、ということなのです。一つずつ確認しましょう。

まず、複素数の足し算の図形的な意味を見てみましょう。これはとても簡単で、中学生の守備範囲だと思います。

複素数「$a+bi$」と「$c+di$」の足し算は、$(a+bi)+(c+di)=(a+c)+(b+d)i$ となります。このとき下の図のように、原点 $(0, 0)$, 点 $(a, b)$, $(c, d)$ と点 $(a+c, b+d)$ の関係は、「**平行四辺形を構成する**」ということになります（34ページでも解説しました）。

今度は、複素数の掛け算についての図形的な意味を考えてみましょう。掛け算は、足し算のときほど簡単ではありません。順を追って理解して行く必要があります。

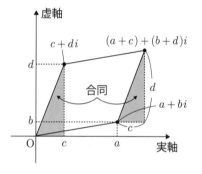

図5-4

第1ステップとして、任意の複素数に特定の実数を掛けたらどうなるか考えましょう。例えば、複素数「$c+di$」に実数2を掛けるとどうなるか。

$$2 \times (c+di) = (2c)+(2d)i$$

ですから、$(c, d)$ に置かれた複素数が $(2c, 2d)$ に置き直される

ことになります。これは要するに、右図のように原点と結んで2倍に延長した位置に複素数を移動させることを意味しています。つまり、**「任意の複素数に実数 $k$ を掛けると原点からその複素数への線分を $k$ 倍に延長し**

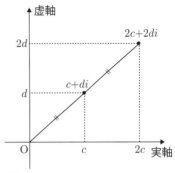

図5-5

**たところの複素数になる」**ということです（34ページでも解説しました）。足し算と実数倍ができることから、複素数は実数体上のベクトル空間とみなせることがわかります（34ページ参照）。

第2ステップとして、任意の複素数に虚数単位 $i$ を掛けるとどうなるかを考えましょう。複素数「$c+di$」に $i$ を掛けると、$i^2$ が $(-1)$ であることに注意すれば、

$$i \times (c+di) = ci + di^2 = ci + d(-1) = (-d) + ci$$

となります。つまり、点 $\mathrm{P}(c, d)$ に置かれた複素数に虚数単位 $i$ を掛けると、点 $\mathrm{Q}(-d, c)$ に置かれる複素数になる、ということです。図の二つの網掛けの直角三角形が合同で90度回転したものであることに注目すれば、**「任意の複素数に虚数単位 $i$ を掛けると原点を中心に左回りに90度回転した点の複素数にな**

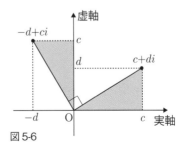

図5-6

る」ということが理解できるでしょう。

第3ステップとして、任意の複素数に特定の複素数を掛けたらどういう位置に動くか、ということを考えましょう。任意の複素数「$c+di$」に、特定の複素数、例えば、「$2+3i$」を掛けると、前者の複素数はどんな位置に移動するか、ということを考えるわけです。コツは、完全に掛け算を遂行してしまうのではなく、途中で計算を止めることです。つまり、

$$(2+3i) \times (c+di) = 2 \times (c+di) + 3 \times i \times (c+di)$$

と分配法則1回までで止めておくのです。ここで、さきほど解説したことから、$2 \times (c+di)$ は、点 P($c$, $d$) にある複素数を原点と結んで2倍に延長した点 S の位置の複素数となります。また、$i \times (c+di)$ は、点 P を原点を中心に左回りに 90 度回転した点 Q の位置の複素数になります。さらに、$3 \times i \times (c+di)$ は、点 Q を原点と結んだ線分を3倍に延長した点 R の複素数となります。最後に、それらの和、$2 \times (c+di) + 3 \times i \times (c+di)$ は、O と R と S で作った長方形の残る頂点 T の位置の複素数となります。

次の図を見てください。左側の長方形は、元の複素数 $(c+di)$ が何であっても、相似形の長方形となります。なぜなら、辺の比が常に 2：3 だからです。とすれば、点 P にある任意の複素数 $(c+di)$ が $(2+3i)$ を掛けることで移動する場所 T は、P を原点に対して一定角（図の $\theta$）回転し、原点から一定倍率 OT/OP だけ拡大した点だ、ということがわかります。

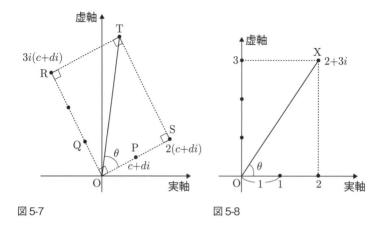

図 5-7　　　　　　　　　　　　図 5-8

　右側のほうは、掛ける複素数 $(2+3i)$ の位置 X を描いたものです。左図の $\theta$ と右図の $\theta$ は相似形から明らかに同一になります。同様に、相似から、

$$\mathrm{OP} : \mathrm{OT} = 1 : \mathrm{OX}$$

という比例がわかりますから、これから、

$$\mathrm{OT} = \mathrm{OX} \times \mathrm{OP}$$

が得られます。つまり、点 P にある複素数に $(2+3i)$ を掛けてできる複素数の位置 T は、OP を原点に対して左向きに $\theta$ 度回転し、原点から OX 倍に延長したような場所になる、とわかったわけです。これは、一般の $(a+bi)$ を掛けることでも同じことが成り立ちます。

「任意の複素数に特定の複素数 $(a+bi)$ を掛けると原点を中心に左回りに回転拡大した位置の複素数ができる。その際、回転角 $\theta$ は $(a+bi)$ と $x$ 軸のなす角であり、拡大率は $(a+bi)$ と原点を結んだ線分の長さである」

ということになるわけです。事前に言った通り、非常にきれいな図形的な性質がわかりましたよね。引き算と割り算については省略しますので、読者各自が考えてみてください。

# 1のべき根の作る美しい図形

以上で、複素数を平面の点とみなしたとき、足し算と掛け算がどういう意味を持つかがはっきりわかりました。簡単に言えば、**足し算は平行移動で掛け算は回転拡大**、ということです。

この法則の劇的な応用例をお見せしましょう。それは、2以上の自然数 $n$ が与えられたとき、方程式

$$x^n = 1 \quad \cdots ①$$

のすべての解を複素数の中に求めることです。ちなみに①の解を、「1の $n$ 乗根」といいます。また、すべての2以上の $n$ に対する「1の $n$ 乗根」の全体を「1のべき根」と総称します。

$n=2$ の場合は、明らかに解は $(+1)$ と $(-1)$ ですから、この二つが「1の2乗根」です。面白いのは $n$ が3以上のときですが、まず、簡単な $n=4$ の場合を先に片付けましょう。

$$x^4 = 1 \quad \rightarrow \quad x^4 - 1 = 0$$

と変形します。左辺を30ページの公式で因数分解すれば、

$$x^4 - 1 = (x^2)^2 - 1 = (x^2 - 1)(x^2 + 1)$$

したがって、

$$x^2 - 1 = 0 \text{ または、} x^2 + 1 = 0$$

前者を解けば、さきほどの解 $(+1)$ と $(-1)$ が出ます。後者を解くと、虚数単位 $i$ とそれに $(-1)$ を掛けた $(-i)$ が解となります。つまり、「1の4乗根」は、$i$、$(-1)$、$(-i)$、$(+1)$ の4個ということです。

次に、これら4個の複素数を平面上の点として打ってみましょう。次の図のような配置になります。見てわかる通り、4点は正方形を構成しています。つまり、**「1の4乗根」である4個の複素数は正方形を作る**、ということなのです。

こんな美しいことが起きるのは偶然でしょうか、必然でしょうか？実は、必然なのです。

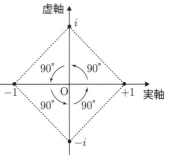

図 5-9

理由は、次のようになります。4個の解は、$(+1)$ に $i$ をそれぞれ、1個、2個、3個、4個と掛ければ得られます。すなわち、

$$(+1) \times i = i \qquad \cdots ②$$
$$(+1) \times i \times i = (-1) \qquad \cdots ③$$
$$(+1) \times i \times i \times i = (-i) \qquad \cdots ④$$
$$(+1) \times i \times i \times i \times i = (+1) \qquad \cdots ⑤$$

ところで、さきほど説明したように、「$i$ を掛けることは原点に対して 90 度の回転をすること」です。すると、②より $(+1)$ から $i$ へは原点に対し 90 度回転、③より $i$ から $(-1)$ へも同じく、④より $(-1)$ から $(-i)$ へも同じく、⑤より $(-i)$ から $(+1)$ へも同じく、90 度の回転とわかります。したがって、四つの「1 の 4 乗根」が正方形を作ることが図形的に明らかになりました。

逆に次のように考えることもできます。まず、360 度を 4 等分して $360 \div 4 = 90$ 度を得ます。次に、原点に対して $(+1)$ を 90 度回転した位置の複素数を求めます。これは、図からわかるように $i$ です。そして、これを 1 乗、2 乗、3 乗、4 乗した数を作ります。それが、$i^1 = i$、$i^2 = (-1)$、$i^3 = (-i)$、$i^4 = (+1)$ です。これが、「1 の 4 乗根」の全部になるのです。なぜでしょうか。

まず、$i$ をかけることは原点に対して 90 度回転させることなので、$(+1)$ に $i$ を 4 個かけることは、原点に対して $(+1)$ を $90 \times 4 = 360$ 度回転することを意味するから、それは $(+1)$ に戻るはずです。つまり、

$$i^4 = (+1) \times i \times i \times i \times i = (+1)$$

と⑤式が再度得られました。次に $i$ は 4 乗すると 1 になることか

ら、どの自然数 $k$ に対しても $i^k$ は 4 乗すると 1 になります。と
いうのは、

$$(i^k)^4 = (i^k) \times (i^k) \times (i^k) \times (i^k) = (i \times i \times i \times i)^k = 1^k = 1$$

となるからです。したがって、$i^1 = i$、$i^2 = (-1)$、$i^3 = (-i)$、
$i^4 = (+1)$ がすべて「1 の 4 乗根」であることがわかって、これ
ですべての「1 の 4 乗根」が求まってしまうわけです。

 以上のことは一般の「1 の $n$ 乗根」に対しても同様に成り立ち
ます。すなわち、次のようなステップで「1 の $n$ 乗根」をすべて
求めてしまうことができる、ということです。

(ステップ 1)　$\theta = 360 \div n$ を求める。
(ステップ 2)　原点に対して左回りに $(+1)$ を $\theta$ の角度だけ
　　　　　　　回転した位置の複素数 $\alpha$ を求める。
(ステップ 3)　複素数 $\alpha^1$、$\alpha^2$、$\cdots \alpha^n$ を求める。

 このステップ 3 で求まった $n$ 個の複素数が「1 の $n$ 乗根」の
すべてとなります。理由は、さきほどの説明で「90 度」と書い
ていたものを、「$\theta$ 度」と変更すれば、一つ確認すべきことがあ
るのを除いて、あとは全く同じになります。

 「一つ確認すべきこと」というのは、$(+1)$ に複素数 $\alpha$ を次々
と掛け算すると、原点からの距離は常に 1 のままだ、ということ
です。なぜなら、$\alpha$ は原点に対して $(+1)$ を $\theta$ 度回転したもので
すから、$\alpha$ と原点を結ぶ線分 OX の長さは 1 です。そして、任

意の複素数に $\alpha$ を掛けることは、原点に対して角度 $\theta$ 回転させますが、拡大倍率は $OX=1$ で常に「1倍」になるので、複素数 $\alpha^1$、$\alpha^2$、…$\alpha^n$ はすべて原点から距離1のままなのです。つまり、半径1の円周上に等間隔で並

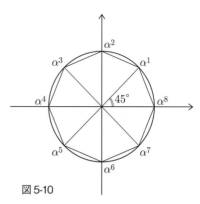

図5-10

んでいる、ということですね。これで、**$n$ 個の「1の $n$ 乗根」を平面に配置すると正 $n$ 角形が形成される**ことも、以上の説明からはっきりとわかりました（図5-10 正八角形：1の8乗根の例）。

試しに、これを利用して、「1の3乗根」をすべて求めてみましょう。

---

（ステップ1）　$\theta = 360 \div 3 = 120°$

（ステップ2）　原点に対して $(+1)$ を $120°$ 回転した位置の複素数 $\alpha$ は、図のように $\omega = -\dfrac{1}{2} + \dfrac{\sqrt{3}}{2}i$ となります。

（ステップ3）　$\alpha^2$ はさらに $120°$ 回転した場所にあるので、$\omega^2 = -\dfrac{1}{2} - \dfrac{\sqrt{3}}{2}i$ さらに $\omega^3 = 1$ が残る一つです。これで「1の3乗根」、$\omega$, $\omega^2$、$(+1)$ が求まりました（普通、代数学では1の3乗根を記すときには、$\omega$ を使う習わしになっています）。

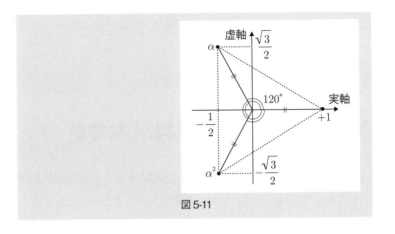

図 5-11

わかってしまった人には蛇足ですが、方程式 $x^3=1$ を実際に解いて、今の三つの解が出てくることを確認しておきましょう。まず、

$$x^3 - 1 = 0$$

の左辺が、因数分解が次のようになることは展開してみれば確認できます。

$$(x-1)(x^2+x+1)=0$$

よって、$x=1$ か、または、$x^2+x+1=0$ がわかります。この段階でまず、解 $(+1)$ が求まりました。後者を 2 次方程式の解の公式（49 ページ）で解けば、

$$x = \frac{-1 \pm \sqrt{(+1)^2 - 4 \times 1}}{2} = \frac{-1 \pm \sqrt{-3}}{2}$$

確かに、さきほどの $\omega$、$\omega^2$ が求まります。

## べき根を付け加えた体はどんな体か

複素数を勉強したついでに、ここでは $x^n = a$ という方程式の解を有理数につけ加えた体について分析しておくことにしましょう。

まず、1 の 3 乗根である $\omega$ を有理数に付け加えて作った体 $Q(\omega)$ を考えます。前節でお話したように、$\omega$ は、2 次方程式 $x^2 + x + 1 = 0$ の解なので、第 2 章でお話した 2 次体の一種となります。つまり、$Q(\omega) = $「(有理数) + (有理数)$\omega$ という数の集合」ということです。体というのは代数的な性質だけを問題にしているので、解が実数だろうと複素数だろうと変わることはありません。したがって、$Q(\omega)$ の自己同型は 2 種類となります。一つは恒等写像 $e$。もう一つは、有理数は不変にして、$\omega$ ともう一つの解 $\omega^2$ を入れ替えるだけの写像 $f$ です。

この二つの自己同型は、群 $\{e, f\}$ を作ります。乗積表は、

| ○ | $e$ | $f$ |
|---|---|---|
| $e$ | $e$ | $f$ |
| $f$ | $f$ | $e$ |

であり、二等辺三角形の対称操作の群と同型の群となります。

次に、$x^3 = 2$ の解たちを考えることにしましょう。$x^3 - 2$ は、$x = 1$ ならマイナスで $x = 2$ ならプラスになるので、1 と 2 の間にゼロになる $x$ を持つでしょう。それを 2 の**立方根**といい $\sqrt[3]{2}$ と記します。

この記号を使うと、都合がいいことに、$x^3 = 2$ の解がすべて記述できてしまうのです。両辺を 2 で割った上、$2 = (\sqrt[3]{2})^3$ を用いれば、$(\frac{x}{\sqrt[3]{2}})^3 = 1$ という方程式になります。$x^3 = 1$ の解を思い出せば、

$$\frac{x}{\sqrt[3]{2}} = 1, \omega, \omega^2$$

となるので、結局、解は、$\sqrt[3]{2}, \sqrt[3]{2}\omega, \sqrt[3]{2}\omega^2$ の 3 個ということになるのです。これらを「**2 の 3 乗根**」といいます。

そこで、2 の 3 乗根の一つである $\sqrt[3]{2}$ を有理数に付け加えた体 $Q(\sqrt[3]{2})$ を考えることにしましょう。$(\sqrt[3]{2})^3 = 2$ を踏まえれば、この体に属する数は、「(有理数) + (有理数) $\sqrt[3]{2}$ + (有理数) $(\sqrt[3]{2})^2$」という形の数だと見抜けるでしょう。ところが、この体の自己同型のことを考えると大きな問題が起きてしまいます。どうしてかというと、自己同型 $f$ を求めようとするとき、まずい事態が生じるからです。自己同型 $f$ は四則計算を保存し、有理数を不変にするので、

$$f((\sqrt[3]{2})^3) = f(2)$$

から

$$(f(\sqrt[3]{2}))^3 = 2$$

となります。したがって、$f$ によって $\sqrt[3]{2}$ が対応する数は、$\sqrt[3]{2}$, $\sqrt[3]{2}\omega$, $\sqrt[3]{2}\omega^2$ のいずれかということになります。しかし、あとの二つは体 $Q(\sqrt[3]{2})$ の元ではありません。これでは、方程式の解と体の自己同型の関係が崩れてしまいます。

このような困難を克服する手段は二つあります。第一は、そもそも体を作るとき、$x^3 = 2$ の一つの解だけでなくすべての解を加えてしまう、という手です。そして、第二は、解を加える体を有理数ではなく、「有理数に1の3乗根を加えた体」Fにする、すなわち、F($\sqrt[3]{2}$)にする、という手です。どちらも有効な手段ですが、ここでは前者を考えることとしましょう。

有理数に $x^3 = 2$ のすべての解を加えた体は、結局のところ、有理数に $\sqrt[3]{2}$ と $\omega$ を加えた体となります。この体をKと書くことにすると、Kの自己同型 $f$ は、この2数をKのどんな数に対応させるかによって定まります。

さきほど調べた通り、$\sqrt[3]{2}$ が対応する数は、$\sqrt[3]{2}$, $\sqrt[3]{2}\omega$, $\sqrt[3]{2}\omega^2$ のいずれかとなります。また、$\omega$ は $x^2 + x + 1 = 0$ の解ですから、$\omega$ が対応する数もこの方程式の解であることより、$\omega$ であるか $\omega^2$ であるかのいずれかになります。したがって、2数の対応先の組合せは全部で6通りあります。

| 自己同型 | $e$ | $f_1$ | $f_2$ | $g_2$ | $g_1$ | $g_3$ |
|---|---|---|---|---|---|---|
| $\sqrt[3]{2}$ の対応先 | $\sqrt[3]{2}$ | $\sqrt[3]{2}\omega$ | $\sqrt[3]{2}\omega^2$ | $\sqrt[3]{2}$ | $\sqrt[3]{2}\omega$ | $\sqrt[3]{2}\omega^2$ |
| $\omega$ の対応先 | $\omega$ | $\omega$ | $\omega$ | $\omega^2$ | $\omega^2$ | $\omega^2$ |

したがって、体 K の自己同型の成す群が G = $\{e, f_1, f_2, g_1, g_2, g_3\}$ ということになるわけです。これらの織りなす群がどんな構造になっているかを見てみましょう。

まず、$f_2 \circ f_1$ がどんな自己同型になるかを考えましょう。そのためには、$\sqrt[3]{2}$ と $\omega$ の二つがおのおの何と対応するかを見ればよいですね。それは次のようになります。

$$f_2 \circ f_1(\sqrt[3]{2}) = f_2(f_1(\sqrt[3]{2})) = f_2(\sqrt[3]{2}\omega) = f_2(\sqrt[3]{2})f_2(\omega)$$
$$= \sqrt[3]{2}\omega^2 \omega = \sqrt[3]{2}$$

$$f_2 \circ f_1(\omega) = f_2(\omega) = \omega$$

したがって、前のページの表と照合すれば、$f_2 \circ f_1 = e$ ということがわかります。また、

$$f_1 \circ g_1(\sqrt[3]{2}) = f_1(g_1(\sqrt[3]{2})) = f_1(\sqrt[3]{2}\omega) = f_1(\sqrt[3]{2})f_1(\omega)$$
$$= \sqrt[3]{2}\omega\omega = \sqrt[3]{2}\omega^2$$

$$f_1 \circ g_1(\omega) = f_1(g_1(\omega)) = f_1(\omega^2) = f_1(\omega)f_1(\omega) = \omega\omega = \omega^2$$

したがって、$f_1 \circ g_1 = g_3$ と結論されます。

このようにして、すべての演算結果を調べて作った乗積表は次の表のようになります。

| ○ | $e$ | $f_1$ | $f_2$ | $g_1$ | $g_2$ | $g_3$ |
|---|---|---|---|---|---|---|
| $e$ | $e$ | $f_1$ | $f_2$ | $g_1$ | $g_2$ | $g_3$ |
| $f_1$ | $f_1$ | $f_2$ | $e$ | $g_2$ | $g_3$ | $g_1$ |
| $f_2$ | $f_2$ | $e$ | $f_1$ | $g_3$ | $g_1$ | $g_2$ |
| $g_1$ | $g_1$ | $g_3$ | $g_2$ | $e$ | $f_2$ | $f_1$ |
| $g_2$ | $g_2$ | $g_1$ | $g_3$ | $f_1$ | $e$ | $f_2$ |
| $g_3$ | $g_3$ | $g_2$ | $g_1$ | $f_2$ | $f_1$ | $e$ |

　これが87ページにある正三角形の対称操作の群の乗積表と全く同じものであることはおわかりになるでしょう。つまり、正三角形の対称操作の群と同型ということです。ということは、もちろん、スリーカードモンテや縦線が3本のあみだクジの作る群とも同型ということになるわけです。

　以上で、方程式を分析するための土台となる複素数と、方程式が四則とべき根で解けるかを判定するガロアのアイデアの根幹を成す「1のべき根を有理数に加えた体」についての準備が整いました。あとは、次の二つの章で、いよいよお待ちかね、ガロアの定理を紹介するてはずとなります。

3次方程式が解けるからくり

第6章

# 3次方程式の解の公式

　本章では、いよいよお待ちかね、ガロアのアプローチに肉薄することとなります。第2章では、2次方程式の解の公式がどのような理屈から可能となるのか、それを体の自己同型の観点から解説しました。実は、あれでほぼガロアの発想は尽きているのですが、しかし、「解を使って簡単に因数分解できる」とか「自己同型の群が2個の元から成る」などの2次方程式の特殊性があまりに作用しているので、ガロアの発想の本質は見抜きにくかろうと思います。

　そこで本章では、3次方程式の解の公式がどのような理屈から可能になるのか、それを体と自己同型の成す群との関係から解き明かすこととしましょう。ガロアの発想の理解が、これで十分になるとまでは約束できませんが、第2章よりはそのからくりが明確になるはずです。

　まずは、天下り的ですが、「3次方程式の解の公式」をお教えしましょう。

---

### 3次方程式の解の公式
一般的に3次方程式は、$x^3 + ax + b = 0$ という形に変形できる。この解は、

> $\dfrac{b^2}{4}+\dfrac{a^3}{27}$ を $D$ と書いておき、
>
> $$u=\sqrt[3]{-\dfrac{b}{2}+\sqrt{D}}\ ,\ v=\sqrt[3]{-\dfrac{b}{2}-\sqrt{D}}$$
>
> $$\omega=\dfrac{-1+\sqrt{3}\,i}{2}\quad(1\text{ の }3\text{ 乗根})$$
>
> とすれば、
>
> $$u+v,\ \omega u+\omega^2 v,\ \omega^2 u+\omega v$$
>
> の3個である。

　見るからにおぞましい式ですよね。読者の皆さんも、この複雑怪奇な式にかなりびっくりされておられることでしょう。言葉で説明すれば、次のようになります。

　まず、定数項の2乗を4で割った数と1次の係数の3乗を27で割った数を足して $D$ という値を求めます。これは「3次方程式の判別式」と呼ばれる値です。次に $D$ の平方根の一つ、$\sqrt{D}$ を計算します。$D$ が負の場合、これは複素数になります。そして、定数項の$(-1)$倍の半分に$\sqrt{D}$を足したものの3乗根を$u$、定数項の$(-1)$倍の半分から$\sqrt{D}$を引いたものの3乗根を$v$とします。ここで1の3乗根で複素数のもの、$\omega=\dfrac{-1+\sqrt{3}\,i}{2}$ と $\omega^2=\dfrac{-1-\sqrt{3}\,i}{2}$ を使い、三つの解は $u+v,\ \omega u+\omega^2 v,\ \omega^2 u+\omega v$ という和で表されることになるわけです。

　一般的な3次方程式とは、当然、$x^3+px^2+qx+r=0$ とい

う2次の項があるものです。しかし、この方程式に対しては、$x$ のところに $y - \dfrac{p}{3}$、という $y$ の式を代入して整理すると、$y^2$ の項が消えてしまうので、初めから2次の項がない3次方程式 $x^3 + ax + b = 0$ の解法を考えるだけで十分なのです。ちなみに、この変換は「**チルンハウス変形**」と呼ばれるそうです。

またここで、上記の $D$ がなぜ「判別式」と名付けられているのかを解説しておきましょう。そのためには、61ページで解説した「2次方程式の判別式」を思い出しましょう。2次方程式 $x^2 + bx + c = 0$ に対し、$(\alpha - \beta)^2$ が判別式と呼ばれました（これは係数を使って表すと、$b^2 - 4c$ となります）。実は同じように、3次方程式 $x^3 + ax + b = 0$ の三つの解を $\alpha, \beta, \gamma$ とするとき、判別式 $D = \dfrac{b^2}{4} + \dfrac{a^3}{27}$ は、$4 \times 27 \times D = (\alpha - \beta)^2 (\beta - \gamma)^2 (\gamma - \alpha)^2$ を満たすことが知られています。これを腕づくで確かめるのはとても骨の折れる作業なので、参考文献に譲ることにして、ここでは省略しましょう。ただし、この解の公式に表れる判別式という計算式の類似性が「3次方程式に解の公式が存在する理由」と深い関係がある、ということは頭の片隅に置いておいてください。

# 3次方程式の解の公式を学校で教わらない理由

実は、この3次方程式の解の公式は、高校では教わりません。大学でもおそらく（数学専攻以外では）教わりません。それは、この公式が次に書く理由から教育的な意味を持っていないから

です。

　高校での3次方程式の解き方は次のようなステップとなります。$x^3-7x-6=0$ を解くプロセスを具体例に解説しましょう。

（ステップ1）整数解（または有理数解）の一つをめのこで発見する。この例の場合、$x=3$ が解となることが代入によってわかります。

（ステップ2）$(x-$ 解$)$ という式で左辺を割り算して、左辺を因数分解する。この例の場合、
$(x-3)(x^2+3x+2)=0$
と書き換えられる。

（ステップ3）因数分解で現れた2次方程式を解く。この例の場合、$x^2+3x+2=0$ を解いて、残りの二つの解、$(-1)$ と $(-2)$ が求まります。

以上の3ステップで、三つの解 3, $-1$, $-2$ が求まりました。

　しかし、これをさきほどの解の公式で求めようとすると、すさまじいことになります。やってみましょう。

　この方程式は $x^3+ax+b=0$ において $a=-7$, $b=-6$ の場合です。

（ステップ1）$a=-7$, $b=-6$ から $D$ を計算し、$\sqrt{D}$ を求める。

$$D = \frac{36}{4} + \frac{-343}{27} = -\frac{100}{27}, \quad \sqrt{D} = \frac{10\sqrt{3}}{9}i$$

(**ステップ2**) $u$ と $v$ を計算する。

$$u = \sqrt[3]{3 + \frac{10\sqrt{3}}{9}i}, v = \sqrt[3]{3 - \frac{10\sqrt{3}}{9}i}$$

(**ステップ3**) 解は、$u$ と $v$ と1の3乗根 $\omega = \dfrac{-1+\sqrt{3}i}{2}$ を用いて、$u+v, \omega u + \omega^2 v, \omega^2 u + \omega v$ の三つとなる。

困ったのは、この最後の三つの解を眺めても、実際それが3, $-1$, $-2$ であるとはとても思えないことです。答えから逆算すれば

$$\left(\frac{3}{2} + \frac{\sqrt{3}}{6}i\right)^3 = 3 + \frac{10\sqrt{3}}{9}i$$

という式が成り立つだろうと類推され、実際、左辺を展開すると右辺になることが確かめられます。これから、$u$ の1つの候補として

$$u = \frac{3}{2} + \frac{\sqrt{3}}{6}i$$

があげられます（$\omega$ や $\omega^2$ を掛けても候補となる）。

同様にして、$v$ の候補は

$$v = \frac{3}{2} - \frac{\sqrt{3}}{6}i$$

すなわち、これらが整合的ないくつかの $u, v$ のうちの一組であるとわかります。これを使うと $u+v=3$, $\omega u+\omega^2 v=-2$, $\omega^2 u+\omega v=-1$ と計算されて、実際に正しく三つの解が求まっていることが確かめられます。しかし、このようなおぞましい作

業が高校生の教育に役立つとはいえないので、学校では教わらないわけなのです。つまり、整数解を持つ3次方程式は、因数分解によって比較的簡単に解が求まるにもかかわらず、解の公式で求めると、複素数を経由した非常に複雑な計算を強いられ、非効率だからなのです。

## フォンタナは3次方程式の解の公式をどうやって見つけたか

　第1章で、3次方程式の解の公式は16世紀にフォンタナが発見した、ということをお話しました。では、彼は、いったいどうやってそれを見つけたのか、その奇抜な考え方を解説するとしましょう。

　「奇抜」というのは、3次方程式 $x^3+ax+b=0$ を解くために、$x=y+z$ として、元々一つしかない未知数 $x$ をわざわざ新しい二つの未知数 $y$ と $z$ の和で表し、方程式に代入する、そのアイデアを評価した言葉です。直感的には、未知数を増やすとより複雑になってかえって困るような気がするのですが、そうでないのが驚き桃の木なのです。第一勘では踏み込みにくいこんな手筋に、どうしてフォンタナは踏み込んだのか、筆者は非常に不思議に思います。フォンタナが考えつかなければ、あと数百年は誰も気づかなかったかもしれません。

　$x$ に $y+z$ を代入して展開計算しましょう。

$$(y+z)^3 + a(y+z) + b = 0$$

$$y^3 + 3y^2z + 3yz^2 + z^3 + a(y+z) + b = 0$$

そして、次のように変形します。

$$y^3 + z^3 + 3yz(y+z) + a(y+z) + b = 0$$

$$(y^3 + z^3 + b) + (3yz + a)(y+z) = 0$$

次がポイントなのですが、左辺の二つの項が両方ともゼロになるような $y, z$ を発見できれば、元の3次方程式の解が見つかる、そういうふうにこの式を理解するわけです。それには、

$$y^3 + z^3 = -b \quad \cdots ①$$
$$yz = -\frac{a}{3} \quad \cdots ②$$

の両方が成り立てばいいわけです。これが、フォンタナの着想のキモです。

②式の両辺を3乗するとゴールが見えてきます。

$$y^3 z^3 = -\frac{a^3}{27} \quad \cdots ③$$

ここで思い出して欲しいのは、18ページで解説した「**2次方程式の解と係数の関係**」です。①と③によって、$y^3$, $z^3$ の和と積がわかったので、これらを解とする2次方程式を構成することができます。それが、以下の2次方程式です。

$$t^2 + bt - \frac{a^3}{27} = 0$$

これを「2次方程式の解の公式」で解いて、$y^3, z^3$ を求めれば、

$$y^3 = -\frac{b}{2} + \sqrt{D}, z^3 = -\frac{b}{2} - \sqrt{D}$$

$$（ただし、D = \frac{b^2}{4} + \frac{a^3}{27}）$$

あとは、$y, z$ を求めればいいのですが、139ページで2の3乗根を求めたのと同じプロセスで $y$ を求めるなら、$u = \sqrt[3]{-\frac{b}{2} + \sqrt{D}}$ と置いて、

$$y = u, \omega u, \omega^2 u$$

がそれとなります。②を使えば、これとペアを組む $z$ は、$v = \sqrt[3]{-\frac{b}{2} - \sqrt{D}}$ とおいて、順に

$$z = v, \omega^2 v, \omega v$$

だとわかります。これらから、おのおの $y + z$ を作れば、上記の「3次方程式の解の公式」が得られるのです。

## 3次方程式はなぜ解けるのか

前節でフォンタナがどうやって解の公式を求めたのかを説明しましたが、その方法は未知数を2個に増やして、1個だった方程式を2式の連立方程式に変え、2次方程式に帰着させる、というあまりに奇抜なものでした。解けるには解けたのですが、これでは「なぜ解けたか」というからくりがわかりません。からくりが

わからないと、もっと高次の方程式に対して同じアプローチをすることができません。実際、4次方程式では類似の方法でフェラリがそのことに気がついたのですが、5次方程式についてはその後300年もの間、だれもうまく行かなかったのです。

したがって、5次以上の方程式について解決するには、フォンタナの方法からいったん離れて、3次方程式がどうして解けるか、そのからくりを別の方角から理解する必要があります。それは、第2章で2次方程式にアプローチしたのと同じく、3次方程式の解から作る代数体の自己同型の仕組みを見破ることなのです。

先にざっくりと結論のあらすじを言ってしまいましょう。

3次方程式の解をすべて加えた体を考えます。ただし、ここではある都合から、有理数体に加えるのではなく、1の3乗根 $\omega$ を有理数体に加えた体 $F = Q(\omega)$ を基礎の体とし、F に加えて体の拡大をすることとします（「都合」は次章で明らかになります）。この体を K としましょう。

K の自己同型は（3個のこともありますが）一般には6個あります。ここでは6個として話を進めます。この6個の自己同型の作る群 G は、実は、86、87ページの正三角形の対称操作の群と同型のものとなります。つまり、スリーカードモンテや3本あみだクジの群とも同型のものです。すると、この群には三つの元から成る部分群 H で巡回群であるものが存在します。そして、$G - H - \{e\}$ という系列がハッセ図の一部となります。正方形の対称操作の群のハッセ図が、固定四角形のハッセ図と完璧に対応したのを思い出しましょう。これと同じ仕組みによって、自己同

型の群のハッセ図に対応する体のハッセ図ができあがります。このハッセ図において、G − H − {e} の系列に対応する体の系列 F − M − K ができます。

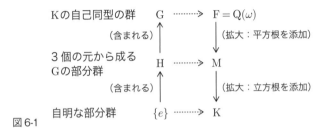

図 6-1

　ここで、体 M は体 F を拡大したもので、体 K は体 M を拡大したもの、という関係になっています。この体 F と体 K の中継点に体 M ができあがるのがポイントなのです。すなわち、有理数に 1 の 3 乗根を付け加えた体 F のある数の平方根を F につけ加えた体が M に他ならず、さらに M のある数の 3 乗根を M に付け加えた体が K である、ということが判明します。この結果、有理数たちと 1 の 3 乗根 $\omega$ の四則計算、ルート、3 乗根によって体 K の数はすべて表現できることがわかります。したがって、当然 3 次方程式の三つの解も有理数たちと 1 の 3 乗根 $\omega$ の四則計算、ルート、3 乗根によって表現できる、ということになり、これが解の公式になるのです。

　以下の節で、上記の議論を、順を追ってより詳しく説明していくこととしましょう。

# 3次方程式の解の作る代数体の自己同型

　まず、2次方程式のときを真似て、3次方程式の解から体を作りましょう。第5章で3次方程式 $x^3=2$ のすべての解を有理数体 Q につけ加えて作った体 K の6個の自己同型の作る群を分析しました。ここでは、もっと一般の3次方程式を考えます。

　3次方程式 $x^3+ax+b=0$ の三つの解を $\alpha$、$\beta$、$\gamma$ とします。ここで係数 $a$ と $b$ は具体的な有理数であり、三つの解はすべて無理数だとします。2次方程式と同じように、左辺は、

$$x^3+ax+b=(x-\alpha)(x-\beta)(x-\gamma)$$

と因数分解されます。したがって、この右辺を展開して整理すれば、

---

「3次方程式の解と係数の関係」
$\alpha+\beta+\gamma=0,\ \alpha\beta+\beta\gamma+\alpha\gamma=a,\ \alpha\beta\gamma=-b$

---

が得られます。つまり、三つの解は無理数ですが、それらの和や「二つずつの積の和」や積はみな有理数になる、ということがわかります。

　さて、これらの解から体を構成して行くのですが、それには次のような手続きを踏みます。まず、有理数に1の3乗根 $\omega$ をつけ加えた体 $Q(\omega)$ を作り、それを F と書きましょう。この F が有理数 Q の代わりに今後の基礎となる体です。$\omega$ を加える理由

は次章で判明しますので、本章では「何かの都合でそうする」という程度に理解しておいてください。

　次に、この体Fに三つの解 $\alpha$、$\beta$、$\gamma$ をつけ加えて体を拡大します。それは、体Fの要素たちと解 $\alpha$、$\beta$、$\gamma$ との四則計算で作られる数をどんどんつけ加えて行くということです。その作業を飽和するまでやって、できた最終的な体をKと書くことにしましょう。体Kの要素が一般にどんな形の数であるかはここでは論じないことにしますが、Kは有理数をすべて含み、1の3乗根 $\omega$ を含み、解 $\alpha$、$\beta$、$\gamma$ を含み、さらには $\alpha^2$ や $\alpha^2\beta$ やその和など豊富な形の数を含んでいます。

　ここで、体Kの自己同型がどんな写像であるかを考えます。ただし、ここで考える自己同型 $f$ は、有理数だけでなく体Fの数全体を不変にする、すなわち、1の3乗根 $\omega$ も不変にするもの、とします。これを「**F上の自己同型**」と呼びます。このような体Kの「F上の自己同型」$f$ はどんな性質を持っているでしょうか。$\alpha$ が解だから、

$$\alpha^3 + a\alpha + b = 0$$

が成り立ちます。したがって、当然、

$$f(\alpha^3 + a\alpha + b) = f(0)$$

となります。ここで0は有理数なので $f(0) = 0$ です。また $f$ が有理数を不変にし、四則計算を保存することから、

$$
\begin{aligned}
\text{左辺} &= f(\alpha\alpha\alpha) + f(a\alpha) + f(b) \\
&= f(\alpha)f(\alpha)f(\alpha) + f(a)f(\alpha) + f(b) \\
&= f(\alpha)^3 + af(\alpha) + b
\end{aligned}
$$

となるので、$f(\alpha)^3 + af(\alpha) + b = 0$ でなければならないことがわかります。したがって、$f$ によって $\alpha$ が対応する数は元と同じ3次方程式の解でなければならないことがわかったわけです。

このことは他の二つの解 $\beta$ でも $\gamma$ でも同じです。

つまり、$f$ によって解 $\alpha, \beta, \gamma$ が対応する数は、$\alpha, \beta, \gamma$ のいずれかでなければならない、ということです。自己同型 $f$ は全単射（1対1対応）ですから、異なる数が同じ数に対応するわけには行きません。したがって、解 $\alpha, \beta, \gamma$ が対応する数を順に並べるなら $\alpha, \beta, \gamma$ の順列の一つと一致しなければならないことになります。

また、逆に、$\alpha, \beta, \gamma$ の順列を一つ固定すると、それで自己同型は一つに定まってしまいます。ここではおおざっぱな理由しか与えませんが、要するに体Kというのは $\alpha, \beta, \gamma$ と体Fの数の四則計算で作られ、自己同型 $f$ では体Fの元は不変なので、$\alpha, \beta, \gamma$ の対応先が決まれば、それですべてのKの数の対応先は決まってしまうことになるからです。

# 体Kの自己同型の群とその部分群たち

さて、体Kの自己同型は、$\alpha, \beta, \gamma$ の順列で決まるので、次の

表のように記号化しましょう。

| 自己同型 | $e$ | $f_1$ | $f_2$ | $g_1$ | $g_2$ | $g_3$ |
|---|---|---|---|---|---|---|
| $\alpha$ の対応先 | $\alpha$ | $\beta$ | $\gamma$ | $\beta$ | $\alpha$ | $\gamma$ |
| $\beta$ の対応先 | $\beta$ | $\gamma$ | $\alpha$ | $\alpha$ | $\gamma$ | $\beta$ |
| $\gamma$ の対応先 | $\gamma$ | $\alpha$ | $\beta$ | $\gamma$ | $\beta$ | $\alpha$ |

この6個の自己同型は、「つなぐこと」に関して群を成します。例えば、$g_1 \circ f_1$ を写像 $g_1(f_1(x))$ だと定義すれば、これは明らかに体Fの数を不変にし、四則計算も保存しますから自己同型です。さらには、明らかに写像 $e$ が恒等写像であり単位元となります。また、$f_2 \circ f_1 = e$、$g_1 \circ g_1 = e$ のようにどの元にも逆元が存在していることも確かめられます。よって、6個の自己同型は群Gを構成することがわかりました。この群Gの乗積表は、次のようになります。

| $\bigcirc$ | $e$ | $f_1$ | $f_2$ | $g_1$ | $g_2$ | $g_3$ |
|---|---|---|---|---|---|---|
| $e$ | $e$ | $f_1$ | $f_2$ | $g_1$ | $g_2$ | $g_3$ |
| $f_1$ | $f_1$ | $f_2$ | $e$ | $g_2$ | $g_3$ | $g_1$ |
| $f_2$ | $f_2$ | $e$ | $f_1$ | $g_3$ | $g_1$ | $g_2$ |
| $g_1$ | $g_1$ | $g_3$ | $g_2$ | $e$ | $f_2$ | $f_1$ |
| $g_2$ | $g_2$ | $g_1$ | $g_3$ | $f_1$ | $e$ | $f_2$ |
| $g_3$ | $g_3$ | $g_2$ | $g_1$ | $f_2$ | $f_1$ | $e$ |

乗積表を見れば、この群Gが87ページの正三角形の対称操作の群と全く同じものであることがわかるでしょう。乗積表を見な

くとも、正三角形の対称操作を定義した図を見比べれば、直接的に同じ群であることが理解できるはずです。

この群 G は 3 次方程式 $x^3+ax+b=0$ の 3 つの解 $\alpha$、$\beta$、$\gamma$ に作用している、と見ることができます。

ガロアの発想にたどりつくために、ここで、この群 G の部分群をすべて見つけておくことにします。

群 G は 3 次方程式の解を体 F に付け加えた体 K の自己同型の作る群でしたが、そうではなく、正三角形の対称操作の群だと理解すれば、簡単に部分群たちを特定することができます。

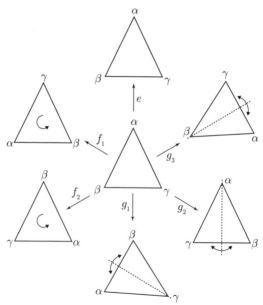

図6-2　$f_1$ で中央の三角形の $\alpha$ が、左側の三角形の $\beta$ の位置に来るので $f_1(\alpha)=\beta$ を意味する

102〜104ページで解説した正方形の対称操作の群の部分群の見つけ方を振り返ってください。それは四角形で対称性をもっているもの、例えば「たこ形」や「等脚台形」などを考え、それを不変とする対称操作をピックアップすれば部分群を発見できたのでした。ここでも同じ作業をしてみましょう。

とはいっても、ここでは三角形なので、ことはもっと簡単です。

対称性を持った三角形は、「二等辺三角形」と「正三角形」しかありません。したがって、それぞれについて、それを不変にする対称操作を見出せばいいだけです。

まず、二等辺三角形を考えましょう。これは三種類あります。頂点 $\gamma$ を通る軸を持つ二等辺三角形、頂点 $\alpha$ を通る軸を持つ二等辺三角形、頂点 $\beta$ を通る軸を持つ二等辺三角形です。二等辺三角形を不変にする対称操作の作る部分群は、順に

$$H_1 = \{e, g_1\}$$
$$H_2 = \{e, g_2\}$$
$$H_3 = \{e, g_3\}$$

となります。

最後に、正三角形を不変にする「回転対称操作」の部分群は、120度の回転対称操作を集めたものですから、$H = \{e, f_1, f_2\}$ となります。この $H_1$、$H_2$、$H_3$、$H$ の四つの部分群に自明な部分群である、G 自身と $\{e\}$ を加えた6個ですべての部分群が求まりました。これらをハッセ図（ハッセ図の意味は101ページ）にしたものが次の図です。

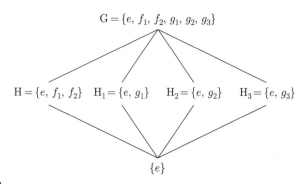

図6-3

自明でない部分群 H, $H_1$, $H_2$, $H_3$ について、これらが正規部分群であるかどうかについて見ておくことにしましょう。正規部分群とは、112ページで説明したように、Gのすべての元 $p$ に対して $pH = Hp$ となる部分群 H のことでした。

まず、$H = \{e, f_1, f_2\}$ について考えます。$g_1H = \{g_1, g_2, g_3\} = Hg_1$、同様に $g_2H = Hg_2$, $g_3H = Hg_3$ となるので、これは正規部分群です。実は、この正規部分群 H こそが3次方程式の解の公式を生み出す原動力になるもので、注目しておいてください。

他方、$f_1H_1 = \{f_1, g_3\}$ と $H_1f_1 = \{f_1, g_2\}$ が一致しないので、$H_1$ は正規部分群ではありません。$H_2$ と $H_3$ も同様に正規部分群でないことが確かめられます。

# ガロアの発見した部分群と固定体との対応

ここまでくると、解の公式を考えるとき、ガロアがなぜ解その

ものではなくそれらを含んだ体を考察したのか、その秘密が見えてきます。ガロアは、対称操作に対する固定四角形のように、「自己同型で不変になる K の数の集合」というものに着目したのです。

例えば、部分群 H＝$\{e, f_1, f_2\}$ に属する自己同型すべてで不変になる K の数すべての集合というものを考えてみましょう。これにとりあえず、M という名前を付けておきます。実はこの M は体になる、つまり、四則計算に閉じているのです。なぜでしょうか。

今 $x$ と $y$ を M の 2 個の数とします。定義から $f_1(x) = x$、$f_1(y) = y$ となっています。$f_1$ は自己同型ですから、四則計算を保存するので、加法について、

$$f_1(x+y) = f_1(x) + f_1(y) = x+y$$

が成り立ち、$x+y$ も $f_1$ で不変になります。これは $e$ や $f_2$ でも同じですから、数 $x+y$ は群 H のすべての元で不変になるので集合 M に属することがわかります。全く同様に、数 $x-y$ も $x \times y$ も $x \div y$ も集合 M に属することが証明できます。したがって、集合 M が四則計算で閉じていることがわかりました。すなわち、M は体です。この体 M を**部分群 H の固定体**と呼びます。

同じ手続きで、部分群 $H_1$、$H_2$、$H_3$ の固定体をそれぞれ $M_1$、$M_2$、$M_3$ と記すことにしましょう。また、部分群 $\{e\}$ の固定体は明らかに体 K 自身です。そして最後に、部分群 G の固定体は体 F となります。このことは、「$\alpha, \beta, \gamma$ のどんな入れ替えに関し

ても数が変わらないなら、そもそもその数には $\alpha, \beta, \gamma$ が含まれず、体 F の数に他ならない」ことを意味するので、感覚的には当たり前に見えるのですが、証明はけっこう大変です。なぜなら、例えば K の数 $\alpha\beta + \beta\gamma + \alpha\gamma$ などは、見かけ上は $\alpha, \beta, \gamma$ を含んでいて、$\alpha, \beta, \gamma$ のどんな入れ替えに関しても変わらない数です。「群 G の固定体が F」であるなら、この数 $\alpha\beta + \beta\gamma + \alpha\gamma$ は F の数となるはずです。しかし、このことは「$\alpha, \beta, \gamma$ のどんな入れ替えに関しても数が替わらないなら、そもそも $\alpha, \beta, \gamma$ を含んでいないはず」という直観的な議論では説明しきれていません。実際には、解と係数の関係から、$\alpha\beta + \beta\gamma + \gamma\alpha = a$ ですから（154ページ参照）、確かに有理数であり、体 F に属します。このように、見かけ上は $\alpha, \beta, \gamma$ を含んでいるけれど、実際には F の数というものもあるので、$\alpha, \beta, \gamma$ のどんな入れ替えに関しても不変なら体 F に属する、ということを証明するのはかなり困難な作業なのです。これには複雑にしてデリケートな準備が必要なのであとでチャレンジすることにして（201ページ）、ここでは結果を前提にしてもらって先に進みましょう。

　固定四角形のときと同じく、6 個の部分群のハッセ図と 6 個の固定体のハッセ図は図のように完全に対応します。部分群から固定体を作ると包含関係が逆転した全く同じ家系図ができあがる、ということです。

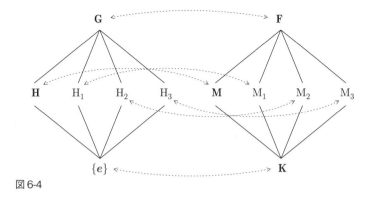

図6-4

# 固定体Mの自己同型はどんな群？

　では、いよいよ、3次方程式の解の公式の種明かしにチャレンジしましょう。

　今、ハッセ図の中から、K－M－Fという系列を取りだしましょう。基礎の体Fと3次方程式の解から作った体Kの中間に、体Mというのがはさまっています。体Mの数は、体Kの数の中で、群Hに属する自己同型 $e, f_1, f_2$ によって不変なものたちです。

　ここで考えたいのは、体Mが体Fに関してどんな拡大になっているか、ということです。体Mと体Fの関係がわかれば、体Fの数から体Mの元を作り出す仕組みが発見できるかもしれません。その目的を果たすために、体Mの「F上の自己同型」というものを分析してみるのです。

　結果を先に言ってしまうと、実は、体Mの「F上の自己同型」

の群は2個の元から成り、それは2章で分析した「2次方程式の自己同型の群」と同型の群になります。これは、体Mが体Fの数を係数とする2次方程式の解を付加して作った体だということを意味します。したがって、2章で分析したように、体Mに属するすべての数は体Fの数たちの四則計算とルートによって書くことができるとわかるのです。このことを詳しく追求していきましょう。

体Mは体Kの中から一部の数を取り出して集めたものですから、有理数、1の3乗根$\omega$、$\alpha$, $\beta$, $\gamma$を四則計算で結びつけた数に他なりません。したがって、体Fを不変にする体Mの自己同型は、体Kの自己同型である群Gの中のどれかでしょう。実は、群Gのどの自己同型も体Mの数だけに制限して作用させると、すべて体Mの自己同型の役割を果たすのです。それは次のようにわかります。$e$, $f_1$, $f_2$の三つについては、体Mの定義（群Hのすべての元で不変な数の集合）から、体Mの数すべてを不変にするので明らかに自己同型です。これらはみな、体Mに制限すれば、要するに恒等写像と同じ働きをします。

$g_1$はどうでしょうか。実は体Mの任意の数$x$に対して、$g_1(x)$がやはり体Mの数であることが証明できます。これはどんな固定体についても成り立つことではなく、対応する群Hが正規部分群だからこそ成り立つのです。以下の惚れ惚れするような理屈をご堪能ください。

Mの元$x$に対する$g_1(x)$が体Mの数であることを示すには、数$g_1(x)$が部分群Hに属する自己同型$e$, $f_1$, $f_2$すべてで不変な

ことを言えばいい。実際、部分群 H は群 G の正規部分群ですから、右剰余類と左剰余類は一致するので、$f_1 \circ g_1 = g_1 \circ h$ となる部分群 H の元 $h$ が必ず存在します（114ページ参照）。この「演算順序の入れ替え」に正規部分群であることの有効性が発揮されるのです。具体的には、乗積表より $h = f_2$ とすればいい。つまり、$f_1 \circ g_1 = g_1 \circ f_2$ です。なので、$f_1(g_1(x)) = g_1(f_2(x))$ となりますが、$f_2$ は部分群 H の元なので体 M のすべての数を不変にしますから、$f_2(x) = x$。よって、$f_1(g_1(x)) = g_1(x)$ と示されました。

同様にして、$f_2(g_1(x)) = g_1(x)$ も示されますし、$e(g_1(x)) = g_1(x)$ はそうしなくても $e$ が恒等写像であることから明らかです。これらにより $g_1(x)$ が M の数だと示されました。

以上によって、$g_1$ を体 M に制限して作用させると体 M の「F 上の自己同型」の一つであることがわかりました。これは $g_2$ についても、$g_3$ についても同様に証明できます。なぜこんな都合がいいことが起きるか、というと、くり返しになりますが、部分群 H が群 G の正規部分群だからです。この仕組みはわかってみると実に巧みです。

以上によって、体 K の F 上の自己同型 6 個はすべて体 M の F 上の自己同型でもあることがわかったのですが、実は 6 個すべてが異なるわけではありません。異なるものは 2 個しかないのです。なぜなら部分群 H の自己同型 $e, f_1, f_2$ はすべて体 M の元を不変にしますから（体 M はそのように定義された）、これらはみな体 M に制限すれば恒等写像そのものです。

次に、$g_2$ は $g_1 \circ f_1$ と表せるので（これは $g_2$ が右剰余類

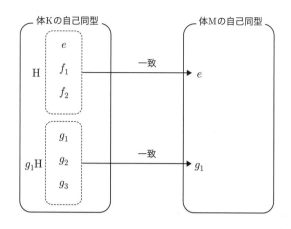

図6-5

$g_1$H に属することの帰結です)、体 M の任意の数 $x$ に対して、$g_2(x) = g_1(f_1(x)) = g_1(x)$ となって、体 M の数に対しては $g_1$ と同じ結果を生む自己同型なのです。$g_3$ も、$g_3 = g_1 \circ f_2$ と書けることから、$g_1$ と同じ結果を生む自己同型です。つまり、体 M に対しては、$g_1, g_2, g_3$ は全く同じ自己同型となるわけです。このことをかっこよくいうと、「**群 G の正規部分群 H による同じ右剰余類に属する自己同型は、みな M に対しては同じ自己同型となる**」ということです。

これらのことをまとめると、次のようになります。すなわち、

> 体 K の F 上の自己同型 6 個は群 G の構造を持っているが、それらを中間の体 M の自己同型だと見なすと、三つずつが一致してしまい、結果として 2 種類の自己同型「恒等写像」「$g_1$ で代表される自己同型」となる

ということです。この2個の自己同型の作る群は右のようになります。

| ○ | $e$ | $g_1$ |
|---|---|---|
| $e$ | $e$ | $g_1$ |
| $g_1$ | $g_1$ | $e$ |

この $g_1$ は基礎の体 F の数を不変にする写像ですが、逆も成り立ちます。すなわち、$g_1$ で不変になる体 M の元はそもそも基礎の体 F の元でなければならないのです。なぜなら、$g_1$ で不変なら剰余類 $g_1$H の元すべてで不変だからです。

## ハッセ図から解の公式へ

ここからは、2章での議論と同じ道筋をたどります。ただし、2次方程式について1ステップで済んだ手順が、3次方程式に関しては2ステップになる、ということが違う点です。

体 M の自己同型の成す群が、2個の元 $e$ と $g_1$ から成る表のようなものであることがわかったので、体 M の数を体 F の数から記述することが可能になります。

今、体 M の数で基礎の体 F に入ってない任意の数を一つ固定し、$\zeta$ と記しましょう。そして、体 M の F 上の自己同型 $g_1$ による数 $\zeta$ の像 $g_1(\zeta)$ を $\xi$ と記しましょう。ここで、$g_1 \bigcirc g_1 = e$ に注意すれば、$g_1(\xi) = g_1(g_1(\zeta)) = \zeta$ がわかります。つまり、体 M の2数 $\zeta$ と $\xi$ は $g_1$ によって互いに入れ替わるわけです。

すると、$\zeta + \xi$ という和を考える必然性が出てきます。数 $\zeta + \xi$ は、$g_1$ で不変な M の数になるのです。なぜなら、

$$g_1(\zeta+\xi) = g_1(\zeta) + g_1(\xi) = \xi + \zeta$$

となって、この数は自己同型 $g_1$ で不変です。前節の最後に述べたように、$g_1$ で不変な数は体 F に属するので、

$$\zeta + \xi = (\text{F の数}) \quad \cdots ①$$

という結果がわかってしまいます。

次に、第 2 章の後半と同じように、$(\zeta-\xi)^2$ という体 M の数を考えましょう。第 2 章と同じ仕組みでこの数が自己同型 $g_1$ で不変になることが、次のように示せます。

$$\begin{aligned} g_1((\zeta-\xi)^2) &= g_1((\zeta-\xi)(\zeta-\xi)) \\ &= g_1(\zeta-\xi)g_1(\zeta-\xi) \\ &= (\xi-\zeta)(\xi-\zeta) = (\zeta-\xi)^2 \end{aligned}$$

以上より、

$$(\zeta-\xi)^2 = (\text{F の数})$$

ということがわかり、

$$\zeta - \xi = (\text{F の数にルートをつけた数}) \quad \cdots ②$$

がわかります。これで、①と②の連立方程式を解けば（①と②を辺々加えて 2 で割れば）、

$$\zeta = (\text{体 F の数のルートと体 F の数の和の半分}) \quad \cdots ③$$

ということが判明したわけです。つまり、Mに属する数は、体Fの数の四則計算とルート計算で表すことができる、ということになります。

次に、唐突ですが、3次方程式の解 $\alpha, \beta, \gamma$ を使った次の二つの数を定義します。

$$p = (\alpha + \omega\beta + \omega^2\gamma)^3 \quad \cdots ④ \quad q = (\alpha + \omega^2\beta + \omega\gamma)^3 \quad \cdots ⑤$$

これは当然、体Kに属する数です。なんでこんなへんてこな数を作るのかは、先まで読めばわかります。

第1ステップとして、この体Kに属する数 $p$ と $q$ が、ともに体Mに属することを証明しましょう。ここで、体Mというのは、部分群 $H = \{e, f_1, f_2\}$ の元すべてで不変になる数の集まりと定義されたことを思い出してください。数 $p$ と数 $q$ が体Mに属することをいうには、部分群Hの三つの自己同型すべてで不変であることをいえばいいのです。したがって、自己同型 $f_1$ による $f_1(p)$ を計算してみます。

$$\begin{aligned} f_1(p) &= f_1((\alpha + \omega\beta + \omega^2\gamma)^3) = \{f_1(\alpha + \omega\beta + \omega^2\gamma)\}^3 \\ &= \{f_1(\alpha) + f_1(\omega)f_1(\beta) + f_1(\omega^2)f_1(\gamma)\}^3 \end{aligned}$$

ここで、自己同型 $f_1$ が $\alpha$ を $\beta$ に、$\beta$ を $\gamma$ に、$\gamma$ を $\alpha$ に対応させ、体Fの要素 $\omega$ と $\omega^2$ を不変にするものであることから、

$$f_1(p) = (\beta + \omega\gamma + \omega^2\alpha)^3$$

となります。これが $p$ そのものであることは、次のように変形す

るとわかります。$\omega$ は 1 の 3 乗根なので、$\omega^3 = 1$ であることに注意し、

$$f_1(p) = \omega^3(\beta + \omega\gamma + \omega^2\alpha)^3 = \{\omega(\beta + \omega\gamma + \omega^2\alpha)\}^3$$
$$= \{\omega\beta + \omega^2\gamma + \omega^3\alpha\}^3 = (\alpha + \omega\beta + \omega^2\gamma)^3 = p$$

これで、K に属する数 $p$ が自己同型 $f_1$ で不変だとわかりました。全く同様の計算で $f_1(q) = q$ も確認できます。さらには、数 $p$ と $q$ が自己同型 $f_2$ でも不変であることも同じ方法で示せます。これらの確認は読者の皆さんに委ねましょう。

さきほど、体 M の数はすべて、体 F に体 F の数の平方根をつけ加えた体に属する数であることが証明されたので、$p$ と $q$ は、有理数と 1 の 3 乗根 $\omega$ の四則計算とルート記号とで表せる数だとわかりました。

さて、④と⑤から

$$\alpha + \omega\beta + \omega^2\gamma = \sqrt[3]{p}, \ \alpha + \omega^2\beta + \omega\gamma = \sqrt[3]{q}$$

が得られます。これに解と係数の関係の式、

$$\alpha + \beta + \gamma = 0$$

を加えると、$\alpha, \beta, \gamma$ に関する 3 未知数 3 連立方程式が得られることになります。この連立方程式が、解と係数の関係（18 ページ）のように未知数同士の積の入ったものではなく、各未知数に定数係数のついた和の形である（線形の方程式である）ことが大事で

す。これに対しては、普通の手続きで、解 $\alpha, \beta, \gamma$ が求められます。連立方程式の係数は、$1, \omega, \omega^2$ という体Fの数。右辺は、Fの数の四則計算とルートによって作られる数 $p, q$ に3乗根の記号をつけたものですから、得られた $\alpha, \beta, \gamma$ も同じように、有理数、1の3乗根 $\omega$ を使って、それらの四則計算とルート計算と3乗根計算だけで表現されることがわかります。

長い道のりをたどりましたが、解の作る体と自己同型の群、そしてその部分群の固定体の議論から、「3次方程式に解の公式が存在する理由」が完全に明らかになりました。

ただ、大きな謎が一つ残されています。それは、解くためのかなめとなった $(\zeta - \xi)^2$ とか $(\alpha + \omega\beta + \omega^2\gamma)^3$ などは、天下り的に与えられたのですが、これらはいったい何ものか、という疑問です。この式の正体については、次章、ガロアの一般的な理論のところで解説することとしましょう。

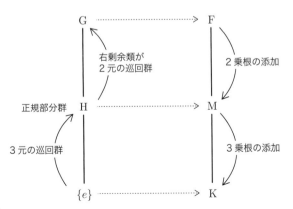

図6-6

# Column

## ガロアの別定理〈後編〉

ルート数を連分数で表すと循環連分数になることが知られています。それは、整数部分の数列、$k_0, k_1, k_2, \cdots$ の、ある番号から先が繰り返しになる、ということです。これについて、天才ガロアは、さらに面白い性質を見つけたのです。それは、ルート数 $\sqrt{m}$ を連分数で表し、初項を省いた循環する部分が、$k_1, k_2, k_3, \cdots, k_n$ のとき、$k_1, k_2, k_3, \cdots, k_{n-1}$ が左右対称になる、ということです。具体例を見てみましょう。

$$q = \sqrt{19}, \ k_0 = 4$$
$$q_1 = (\sqrt{19} + 4)/3, \ k_1 = 2$$
$$q_2 = (\sqrt{19} + 2)/5, \ k_2 = 1$$
$$q_3 = (\sqrt{19} + 3)/2, \ k_3 = 3$$
$$q_4 = (\sqrt{19} + 3)/5, \ k_4 = 1$$
$$q_5 = (\sqrt{19} + 2)/3, \ k_5 = 2$$
$$q_6 = (\sqrt{19} + 4)/1, \ k_6 = 8$$
$$q_7 = (\sqrt{19} + 4)/3, \ k_7 = 2$$

ここで、$q_1 = q_7$ となったので、あとは繰り返し（循環）になることがわかります。整数の数列 $k_1, k_2, k_3, k_4, k_5$ を見てみましょう。

$$2, 1, 3, 1, 2$$

となっていて、回文のように反対から読んでも同じになることが確認できます。

これが一般に成り立つことを証明したのが、なんと、ガロア少年だったのです。このときにガロアは、若干 16 歳か 17 歳だったのでした。すでにここにもう数学の才能が垣間見えます。

5次以上の方程式が解けない
からくり

第7章

# ガロアの成し遂げたこと

　第2章では、2次方程式に解の公式が存在するのはどうしてか、そのからくりを説明しました。第6章では、同じ方法で、3次方程式に解の公式が存在するからくりを明らかにしました。その「からくり」とは、解から作った体の自己同型の成す群が特殊な構造を持っていることでした。それを見つけたのが、弱冠19歳のガロアだったわけです。

　ガロアは、この「からくり」がもっと高次の方程式にも通用することに気がつきました。そして、次のような定理を証明したのです。

---
**ガロアの定理**

　2次、3次、4次方程式は四則とべき根で解けるが、5次以上の方程式には、解けないものがある。

---

　ここで1つ区別したいことがあります。「方程式が四則とべき根で解けない」には2つの解釈があります。

（解釈1）係数が $a, b, c, \cdots$ など文字の方程式を四則とべき根で統一的に解く解の公式がない。
（解釈2）係数が具体的な数であるような方程式で四則とべき根で解けないものがある。

　5次以上についてはどちらも成り立つのですが、前者を証明したのがアーベル、後者を証明したのがガロアです。もちろん、後者が成り立つなら前者は成り立ちます。本章では後者の証明を与えます。前者については、補足章の最後に証明を与えます。

　この章では、「ガロアの定理」のできるだけ完全に近い証明を解説することを目指しますが、わかりやすさを優先するため、通常の数学書のような書き方をしません。したがって、厳密さを少し犠牲にしたり、論理に若干の飛躍があったりします。完全に数学のフォーマットで書かれている証明を読みたい読者は、本書のあとに巻末の参考文献にあたってください。

　ガロアの理論は、数の代数理論、群論、ベクトル空間理論を合体した壮大な建造物、例えばオペラ座のような建造物です。その全容を眺めようとするなら、建物から遠く後ずさりしなくてはなりません。そうすると、今度は、オペラ座のみごとな舞台や観客

席が見えなくなってしまいます。筆者が考えるに、ガロアの発想で最も大事だったことは、いろいろな様式を取り入れた巨大な構築物を建てたことではなく（もちろん、それも大事なのですが）、非常にみごとな舞台と観客席を作ったことだと思うのです。

ですから本書では、ガロアの奇抜なアイデアのエッセンスそのものを読者にピンポイントで伝えることを大事にしました。それは、「方程式の話を対称性の観点から群の話にすり替える」という「ものごとの見つめ方」なのです。そういう試みのために、この章では、少し珍しい解説の手法を採ります。それは、「ガロアの定理」の証明を、「超ざっくり版」「簡易版」「それなり版」というふうに、レベルアップしながら、同じ事を繰り返し説明する、そういう手法です。

## ガロアの定理の証明：超ざっくり版

第6章で解説したように、与えられた方程式に解の公式が存在するかどうか、言い換えると、四則計算とべき根計算ですべての解を求めることができるかどうかは、体の言葉を使って表現することができます。すなわち、有理数体 Q からスタートして、べき根を加えて体を拡大することを繰り返して、いずれすべての解を含む体 K に到達するなら、四則とべき根で解けることになります。このような、「有理数体 Q からスタートして四則計算とべき根計算で拡大する体の列」で、最後にすべての解を含む体 K に到達するものを、本書では特別に「**体 K のガロア系列**」と呼

ぶことにしましょう。ガロア系列が存在すれば四則とべき根で解けるし、ガロア系列が存在しなければ四則とべき根で解けない、ということです。ここで、方程式の解をすべて含んだ体Kの自己同型の成す群をGとします。そうすると、ガロアの定理の「超ざっくり版」証明は次のようになります。

〈超ざっくり証明〉

「群Gが簡単」ならば、体Kのガロア系列は存在する。例えば、2次、3次、4次の方程式については、「群Gが簡単」である。したがって、ガロア系列が存在する。つまり、必ず四則とべき根で解ける。また、「群Gが簡単」でないと、体Kのガロア系列は存在しない。例えば、5次以上の方程式については、「群Gが簡単」でないものが存在する。したがって、体Kのガロア系列が存在しないものがあり、四則とべき根で解けない方程式がある。

〈証明終わり〉

ガロアの証明のアイデアのエッセンスだけを抽出すれば、上記のようになります。もちろん、ここでは、「群Gが簡単」とはどういうことか、逆に「群Gが簡単」でないとはどういうことかを説明していないので、これではわかった気がしない、というかたも多いでしょう。しかし、まず、以上のようなことが証明のエッセンスであることを確認するのが大事なのです。

実際、皆さんは、「群Gが簡単」の正確な定義を知らなくとも、2次方程式の解から作った群（138ページ）や3次方程式の解か

ら作った群（157ページ）は、わりとすんなり理解できたのではないでしょうか。前者は二等辺三角形の、後者は正三角形の対称性から出る群にすぎなかったからです。しかし、5次方程式の解から作った体の自己同型の群は、五つの解の順列が生むものなので、5本の縦線のあみだクジと同じです。これが相当込み入った構造の群であることは、分析してみなくとも十分想像のつくことです。ガロアの発想を超ざっくりと言えば、単にこういうことなのです。

ここで比喩的になることを恐れず言えば、次数の高い方程式の解から作った体の自己同型の群が複雑になるのは、「どの解も、代数的には見分けがつかない」という解の間の対称性に依拠します。122ページで複素数について指摘した現象と似て、解たちに個別に「太郎」「花子」と名付けて区別できないことがポイントになるわけなのです。

## ガロアの定理の証明：簡易版

それでは、もう少しだけきちんと、証明のアウトライン、つまり簡易版をご説明しましょう。

### (i) 2次、3次、4次方程式が四則とべき根で解ける証明

与えられた方程式の解から作った体をKとします。次に、体Kの自己同型の成す群をGとしましょう。群Gの部分群をすべて列挙します。これらは部分群のハッセ図を構成します。また、

各部分群によって不変な体 K の数の集合である固定体を作ります。固定体は、K の数たちから作られる部分集合であるような体すべてを網羅しています。そして、これらの固定体たちもハッセ図を構成します。二つのハッセ図は全く見かけが同じで、単に包含関係が逆さになっているだけです（部分群、固定体、ハッセ図については第 6 章を参照のこと）。

さて、部分群のハッセ図の中に、「群 G からスタートして部分群 $\{e\}$ で終わる 1 本の線で結ばれた系列」の中で、次のようなものがあるかどうかを考察します。すなわち、「すぐ上の群に対してすぐ下の部分群が正規部分群になっており、その正規部分群での右剰余類の成す群が巡回群になっている」、そのような系列です。このような系列が見つかる群 G に対してさきほどは「群 G が簡単」と呼んだのです。もしもそのような系列があるなら、その系列と対応する系列を固定体のハッセ図の中から抜き出せば、それが探している体 K のガロア系列になります。つまり、四則とべき根で解ける、ということです。2 次、3 次、4 次の方程式には実際にこのような部分群の系列が存在することが証明できます。だから、四則とべき根で解けるのです。

### (ii) 5 次以上の方程式に四則とべき根で解けないものがある証明

次に、逆を考えましょう。もしも、方程式が四則とべき根で解けるなら、体 K のガロア系列が存在します。それは固定体のハッセ図の中に見出されます。その体 K のガロア系列と対応する系列を部分群のハッセ図の中から抜き出しましょう。すると、こ

の部分群の系列は、「すぐ上の群に対してすぐ下の部分群が正規部分群になっており、その正規部分群での右剰余類の成す群が巡回群になっている」という性質を満たさなければならないことが示せます。

一方、5次以上の方程式には、解の自己同型の群 G を作ってみると上記の性質を持つような部分群の系列がハッセ図の中に存在しないものがあることが証明されてしまいます。これは超ざっくり版証明で「群 G が簡単」でないと説明したものです。したがって、5次以上の方程式の場合、解から作る体 K にはガロア系列が存在しないものが含まれます。つまり、5次以上の方程式には四則とべき根で解けないものがあるということになるわけです。

〈証明終わり〉

この簡易版の証明からわかるように、ポイントは、自己同型の群の部分群のハッセ図と固定体のハッセ図の図式としての対応です。解の公式が存在し、それを見つけたい場合は、群の系列でみつけて対応する固定体の系列をピックアップすればいいわけです。

逆に、四則とべき根で解けないことを示すには、群のハッセ図の中に該当する系列がないことを証明し、だから固定体のガロア系列も存在しない、そう証明すればいいわけです。

比喩的に言えば、四則とべき根で解が求まるかは、解たちを入れ換える自己同型の作る群の複雑さと対応しており、それは解たちの対称性のあり方が反映している、ということです。

このようなガロアの発想は、20 世紀以降の数学の研究の方向

性を劇的に変えることとなりました。体のことを知りたければ群を調べ、群のことを知りたければ体のことを調べるのです。このように、ものごとを別の構造との対応関係から複眼的に眺めて比較する、というのが強力なアプローチ方法となりました。

## 「それなり版証明」を開始しよう

　それでは、いよいよ、ガロアの定理について、「それなりにきちんとした証明」を与える方向に進みましょう。ただ、ここからの道のりはかなり険しいので、「今までの解説で十分満足」という人は、これをスキップして次の章に行く手もあると思います。

　「それなり版」証明のためには、ガロアのみつけたいくつかの補助定理たちを個別に紹介しておく必要があります。これまでの議論でもう重々ご承知のことと思いますが、ガロアの発想で最も重要な働きをするのは、**「体の自己同型の群のハッセ図」**と**「固定体のハッセ図」**が完全に一致することです。このことをもっときちんと記述してみましょう。

　体F（有理数の体そのものか、または有理数を含む体）の数を係数とする方程式の解から作った体Kの自己同型の成す群をGとします。他方、体Kの部分集合で体Fを含んでいるような体を**「体Fと体Kの中間体」**といいます。一見関係ない概念に見える「群Gの部分群」と「体Fと体Kの中間体」とが1対1対応を起こすのが、面白いところなのです。定理としてピックアップすると次のようになります。

> **ガロアの定理：部分群と中間体の対応**
>
> 体Fの数を係数とする方程式の解から作った体Kの体F上の自己同型の成す群をGとする。
>
> (i) Gの部分群Hのすべての元で不変になる数の集合は体Fと体Kの中間体を作る（これを部分群Hの固定体と呼び、K(H)と記す）。
>
> (ii) 体Fと体Kの中間体Mの数すべてを不変とする群Gに属する自己同型は群Gの部分群を作る（これを中間体Mの固定群と呼び、G(M)と記す）。

これは103、104ページで解説した「部分群と固定四角形との1対1対応」とそっくりの法則です。「固定四角形」のところを「中間体」に置きかえたバージョンだと理解すればいいのです。「四角形を自分に重ねる」のも、「体を自分に重ねる」のも似たようなことなのです。証明も簡単です。

〈証明〉

部分群Hの元$f$で不変な体Kの数$x, y$を取ります。すると、$x+y, x-y, xy, x \div y$がどれも$f$で不変であることは、自己同型が四則計算を保存することからわかります。したがって、部分群Hの自己同型で不変となる数の集合Mは、四則計算について閉じていて、さらには体Fを含みますから、体Fと体Kの中間体となります。

逆に、体Fと体Kの中間体Mを取りましょう。群Gに属する自己同型で体Mの数を不変にするものを集めてHを作ります。このとき、Hは群Gの部分群を成します。なぜなら、Hの属する$f$と$g$について、演算をほどこすと、それは合成写像$g(f(x))$を意味しますから、$f$と$g$がMの数を不変にするなら明らかに$g \bigcirc f$も体Mの数を不変にします。また$f$の逆元$f^{-1}$は、$f^{-1} \bigcirc f = e$を満たしますから、$f^{-1}(f(x)) = e(x)$となって、$f$で不変になる任意の数$x$（$f(x) = x$となる数$x$）に対して$f^{-1}(x) = x$となります。つまり、Hは$f$の逆元$f^{-1}$を含みます。そしてもちろん単位元$e$はHに含まれます。これでHは部分群であることが示されました。　　　　　　　　　〈証明終わり〉

　今の証明を振り返れば、次のことがすぐにわかります。すなわち、部分群$H_1$が部分群$H_2$を含んでいれば、すなわち、群$H_2$が群$H_1$の部分群ならば、中間体$K(H_1)$は中間体$K(H_2)$に含まれます。また、中間体$M_1$が中間体$M_2$を含んでいるなら、群$G(M_1)$は群$G(M_2)$の部分群となります。つまり、部分群の包含関係と対応する中間体の包含関係は逆さまになる、ということです。これをまとめると、次のようになります。

---

**ガロアの定理：部分群と中間体のハッセ図の一致**

　体Fの数を係数とする方程式の解から作った体Kの体F上の自己同型の成す群をGとするとき、Gの部分群のハッ

> セ図と体Fと体Kの中間体のハッセ図は系図として完全に
> 一致し、集合の包含関係は逆になる。

この定理の具体例はすでに、2次方程式の場合を60ページで、3次方程式の場合を163ページで解説しました。

実は、ガロアが発見したこの「部分群と中間体とのハッセ図の一致」は、上記で紹介したよりももっと詳しい内容で成り立つのがポイントなのです。次に、このことを解説します。

「もっと詳しい内容」というのは、ハッセ図の対応において、固定体を作る操作と固定群を作る操作が互いに逆操作になっている、ということです。つまり、部分群Hの固定体として生み出された体が中間体Mであるなら、中間体Mの固定群として生み出される群はH自身に戻る、ということです。このことをきちんと定理として表現したものが以下です。

> **ガロアの定理：ガロア理論の基本定理1**
>
> 体Fの数を係数とする方程式の解から作った体Kの体F上の自己同型の成す群をGとするとき、中間体Mの固定群G(M)で固定されるのはMの数のみである。すなわち、K(G(M)) = M。また逆に、群Hの固定体に対する固定群はH自身である。すなわち、G(K(H)) = H。

この定理が、2次方程式と3次方程式の解の公式で本質的な役割を果たしたのをご記憶でしょう。2次方程式と3次方程式では個別の説明を与えましたが、上記のように一般に成り立つことなのです。

　この定理は、「ある数が特定の中間体Mに入っていること」を証明したいときに威力を発揮します。例えば、数$x$が中間体Mに入っていることを確かめたいなら、Mの固定群H（$=G(M)$）に属するすべての自己同型で数$x$が不変かどうかを調べればいいわけです。Hの固定体はM自身ですから、$x$がMに入ることが確かめられます。

　ハッセ図の対応に慣れ親しんでしまうと、この定理は当たり前のように感じられてしまうでしょうが、実のところ、証明はデリケートです。

　どんなふうにやるかというと、こんな感じなのです。すなわち、中間体Mを不変にする自己同型の群（固定群）をHとするとき、もしもHの固定体がMでなく体M′だとしたら、明らかに体M′は体Mを含みます。するとM′とMをベクトル空間として見たときは、空間M′は空間Mを含むような高次元の空間でなければなりません。もしもそうだとすると、M′、Mをおのおの固定する自己同型たちの個数の間に矛盾が引き起こされてしまうのです。なぜなら、方程式のすべての解を含む体については自己同型の数がベクトル空間の次元と一致するというすごい事実が成り立つからです（このことは後で証明します）。つまり、体Kが体Fを基礎とするような6次元空間なら、体Kの自己同型

の数は 6 個だということです。

　この基本定理でわかったのは、中間体 M があると、体 K の自己同型で、体 M を不変にするのは、固定群 H ＝ G(M) だということです。つまり、H に属する自己同型は「F 上の」自己同型であるばかりではなく、「M 上の」自己同型であるということなのです。これで、てっぺんにある体 K と中間体 M との自己同型の関係はわかりました。次に知りたいのは、ボトムにある体 F と中間体 M との自己同型の関係です。例えば、群 H に属する自己同型はみな体 M の数を不変にしますから、体 M 上に制限すれば H の任意の元は恒等写像と一致します。つまり、群 G の一部である群 H の自己同型たちはみんな体 M 上では恒等写像に退化してしまうわけです。それでは、群 H 以外の群 G の自己同型たちは M に制限するとどんな写像になるのでしょうか。

　群 G の自己同型 $f$ を M の数だけをインプットするように制限したものを区別のために $f_M$ と書くことにします。上で説明したように、自己同型 $f$ が群 H に属するなら $f_M$ ＝「M の恒等写像 $(e_M)$」です。ところが、煩わしいことに、これ以外の自己同型 $f$ に対する $f_M$ もすべて M の自己同型になるとは限らないのです。つまり、$f_M$ によっては体 M を M ではない別の部分体に対応させてしまうこともありうるのです。これがなぜ困るか、というと、「体 K のガロア系列」を利用する手続きがうまく機能しなくなってしまうからです。

　では、一般にどんな中間体 M については $f_M$ 全部が体 M の体 F 上の自己同型となり、どんな中間体 M に対してはそうならな

いのでしょうか。これに関する次の定理もガロアの基本定理の一つと言えます。

---

**ガロアの定理：ガロア理論の基本定理2**

　体Fの数を係数とする方程式の解から作った体Kの体F上の自己同型の成す群をGとする。Gの部分群Hの固定体K(H)を作り、これをMとする。
（1）Gに属する自己同型を体Mに制限して作用させたものがすべて体MのF上の自己同型となるのはHが正規部分群であるときであり、その場合に限る。
（2）部分群Hが群Gの正規部分群であるときは、固定体MのF上の自己同型の成す群は、群Gの正規部分群Hによる右剰余類の成す群と同型になる。

---

ここで正規部分群及びその剰余類の成す群がからんできたことに驚かれた読者も多いでしょう。正規部分群とその剰余類の成す群はガロアの発想の中でもとても重要な役割を果たすものなのです。

この定理の証明は、そんなに難しくありません。おおまかに言えば、一般には交換不可能な群演算の中にあって、正規部分群というのが「緩い可換性」を持っている、ということがポイントとなるのです。

### 〈(1) の証明〉

部分群 H の固定体 K(H) を M とします。群 G の元 $f$ を M に制限した $f_M$ による体 M の像を M′ とするなら、M′ は M の $f$ による共役な群 H′ $= f$H$f^{-1}$( ただし、$f^{-1}$ は $f$ の逆元 ) の固定体となることが以下のように証明できます（共役な群については、112 ページを参照のこと）。

実際、H′ $= f$H$f^{-1}$ から H′$f = f$H です。したがって、H′ の任意の元 $h'$ に対して、$h' \bigcirc f = f \bigcirc h$ となる H の元 $h$ が存在します。ここで、M の任意の数 $x$ に対応する $f(x)$ を考えましょう。$h'(f(x)) = f(h(x))$ となり、群 H の元は体 M の数を不変にするので $h(x) = x$、したがって、$h'(f(x)) = f(x)$ です。つまり、$f(x)$ は群 H′ の任意の元で不変ですから、$f(x)$ は H′ の固定体 M′($=$ K (H′)) の元となります。これで、体 M が自己同型 $f$ で対応する体 M′ が群 H の共役な群の固定体であるとわかりました。だから、$f$ による H と共役な群が H 自身と異なるならば、$f_M$ は体 M の自己同型とはならないで、M を M でない他の体に対応させてしまうことがわかります。

このことを逆に使うと、H の共役な群 $f$H$f^{-1}$ がすべての $f$ について H 自身であるなら、つまり、H が正規部分群なら、群 G の元 $f$ に対する $f_M$ はすべて体 M の自己同型になるとわかります。

〈(1) の証明終わり〉

さきほどの 3 次方程式の解から作る体 K でいうなら、部分群 H $= \{e, f_1, f_2\}$ は正規部分群なので、H の固定体 M($=$ K(H))

の体F上の自己同型は、群Gのすべての自己同型をMに制限することで得られたことがこれにあたります。

### 〈(2)の証明〉

体Mの体F上の自己同型の作る群がどんな群かも特定できます。まず、Hが正規部分群でHの固定体をMとした場合、群GのHによる右剰余類に属する自己同型たちはMに制限するとみな同じ写像になることを確認しましょう。なぜなら、$f$Hの元は部分群Hの元$h$を使って$f\bigcirc h$と書けますから、部分群Hの固定体であるMの任意の数$x$に対して、$f\bigcirc h(x) = f(h(x)) = f(x)$となって、$f$による対応と一致するからです。したがって、体MのF上の異なる自己同型は群Hの右剰余類の個数と同じだけあることになります。そして、それらの成す群は右剰余類の群と同じです。なぜなら、二つの右剰余類$f_1$Hと$f_2$Hからそれぞれ元を取り出してこの順で演算してできる元は、結局$f_1 \bigcirc f_2$の属する右剰余類$(f_1\text{H} \bigcirc f_2\text{H})$の元となるからです（113ページ参照）。 〈(2)の証明終わり〉

# 4次方程式で具体例を見てみよう

ここまで、ガロア理論の基本定理1と2とその証明を抽象的な形で紹介してきましたので、ここで具体例を見ることによって、定理を体感することにしましょう。

次のような4次方程式を考えます。

$$x^4 - 2 = 0$$

この方程式を 133 ページ、139 ページを参考に解きましょう。2 の 4 乗根 $\sqrt[4]{2}$ を用いて、

$$x^4 - 2 = 0 \rightarrow x^4 = (\sqrt[4]{2})^4 \rightarrow \left(\frac{x}{\sqrt[4]{2}}\right)^4 = 1$$

これは、左辺のカッコ内が 1 の 4 乗根になることを表すので、

$$\frac{x}{\sqrt[4]{2}} = 1, -1, i, -i$$

したがって、解は、

$$x = \sqrt[4]{2}, -\sqrt[4]{2}, \sqrt[4]{2}i, -\sqrt[4]{2}i$$

の 4 個となります。

これらの解をすべて含む有理数の拡大体 K を作ります。これは、有理数体 Q に $\sqrt[4]{2}$ と $i$ を加えればよいと想像がつくでしょう。

$$K = Q(\sqrt[4]{2}, i)$$

これは、有理数体 Q に $\sqrt[4]{2}$ を加えた拡大体 $Q(\sqrt[4]{2})$ にさらに、虚数単位 $i$ を加えればできます。

$\sqrt[4]{2}$ が 4 乗すれば有理数 2 になることを踏まえると、$Q(\sqrt[4]{2})$ は 1, $\sqrt[4]{2}$, $(\sqrt[4]{2})^2$, $(\sqrt[4]{2})^3$ を基底とする 4 次元ベクトル空間になるとわかります。この体に虚数単位 $i$ を加えると、$Q(\sqrt[4]{2})$ 上の 2 次元ベクトル空間ができますから、$K = Q(\sqrt[4]{2}, i)$ は Q 上の 8 次元ベクトル空間だとわかります。一応、式で書いておくと、

$$[Q(\sqrt[4]{2}, i):Q] = [Q(\sqrt[4]{2}, i):Q(\sqrt[4]{2})][Q(\sqrt[4]{2}):Q]$$
$$= 2 \times 4 = 8$$

となります。$K = Q(\sqrt[4]{2}, i)$ は Q 上の基底は、

$$1, \sqrt[4]{2}, (\sqrt[4]{2})^2, (\sqrt[4]{2})^3, i, \sqrt[4]{2}\,i, (\sqrt[4]{2})^2 i, (\sqrt[4]{2})^3 i$$

の 8 個となります。

## 自己同型写像を全部求める

体 $K = Q(\sqrt[4]{2}, i)$ の自己同型を全部求めてみます。体 K が有理数体に $\sqrt[4]{2}$ と $i$ を加えたことからも、あるいは、前節での体 K の Q 上の 8 個の基底を見ても、$\sqrt[4]{2}$ と $i$ の両方の写像での値を決めればよい、とわかります。

今、自己同型写像を $f$ とします。虚数単位 $i$ は 2 次方程式 $x^2 + 1 = 0$ の解ですから、

$$i^2 + 1 = 0$$

左辺と右辺を $f$ で写像しましょう。

$$f(i^2 + 1) = f(0)$$

自己同型写像が四則計算を保存することと、有理数を不変にすることから、

$$f(i^2 + 1) = f(0) \rightarrow f(i^2) + f(1) = 0 \rightarrow f(i)^2 + 1 = 0$$

と変形できます。すると、$f(i)$ も同じく $x^2+1=0$ の解とわかりますから、

$$f(i) \text{ は } i \text{ または } -i$$

と決定されます。

同様にして、$\sqrt[4]{2}$ は 4 次方程式 $x^4-2=0$ の解より、$\{f(\sqrt[4]{2})\}^4-2=0$ がわかります。

したがって、$f(\sqrt[4]{2})$ も $x^4-2=0$ の解となりますから、

$$f(\sqrt[4]{2}) \text{ は、} \sqrt[4]{2} \text{ または } -\sqrt[4]{2} \text{ または } \sqrt[4]{2}\,i \text{ または } -\sqrt[4]{2}\,i$$

と決定されます。

$i$ の対応先が 2 通り、$\sqrt[4]{2}$ の対応先が 4 通りあることから、自己同型写像は全部で、$2 \times 4 = 8$ 個あることがわかります。これが体 K の Q 上のベクトル空間としての次元と同じであることは偶然ではありません。まだ、きちんと証明していませんが、ガロアの基本定理の一部です。

$i$ の対応先、$\sqrt[4]{2}$ の対応先を決めた 8 個の自己同型に次のように名前を付けましょう。

| 自己同型 | $e$ | $R_1$ | $R_2$ | $R_3$ | $S_1$ | $S_2$ | $S_3$ | $S_4$ |
|---|---|---|---|---|---|---|---|---|
| $i$ の対応先 | $i$ | $i$ | $i$ | $i$ | $-i$ | $-i$ | $-i$ | $-i$ |
| $\sqrt[4]{2}$ の対応先 | $\sqrt[4]{2}$ | $\sqrt[4]{2}\,i$ | $-\sqrt[4]{2}$ | $-\sqrt[4]{2}\,i$ | $\sqrt[4]{2}\,i$ | $-\sqrt[4]{2}\,i$ | $\sqrt[4]{2}$ | $-\sqrt[4]{2}$ |

この 8 個の自己同型たちは、合成によって群を成します。

例えば、$R_1$ で写像し、次に $S_1$ で写像する合成写像 $S_1 R_1$ はどれになるか見てみましょう。

$$S_1 R_1(i) = S_1(i) = -i$$
$$S_1 R_1(\sqrt[4]{2}) = S_1(\sqrt[4]{2}\, i) = S_1(\sqrt[4]{2})S_1(i) = (\sqrt[4]{2}\, i)(-i) = \sqrt[4]{2}$$

これを表から探せば、$S_3$ となりますから、$S_1 R_1 = S_3$ と決まりました。

この作業を $8 \times 8 = 64$ 回実行して、群の乗積表を作成すると、図のようになります（左列が先に作用する）。

この乗積表と89ページの乗積表を見比べてください。全く同一であることに気が付くでしょう。89ページの乗積表は、「正方形を自分自身に重ねる」ことで現れる群でした。一方、ここでは、4次方程式

| ○ | $e$ | $R_1$ | $R_2$ | $R_3$ | $S_1$ | $S_2$ | $S_3$ | $S_4$ |
|---|---|---|---|---|---|---|---|---|
| $e$ | $e$ | $R_1$ | $R_2$ | $R_3$ | $S_1$ | $S_2$ | $S_3$ | $S_4$ |
| $R_1$ | $R_1$ | $R_2$ | $R_3$ | $e$ | $S_3$ | $S_4$ | $S_2$ | $S_1$ |
| $R_2$ | $R_2$ | $R_3$ | $e$ | $R_1$ | $S_2$ | $S_1$ | $S_4$ | $S_3$ |
| $R_3$ | $R_3$ | $e$ | $R_1$ | $R_2$ | $S_4$ | $S_3$ | $S_1$ | $S_2$ |
| $S_1$ | $S_1$ | $S_4$ | $S_2$ | $S_3$ | $e$ | $R_2$ | $R_3$ | $R_1$ |
| $S_2$ | $S_2$ | $S_3$ | $S_1$ | $S_4$ | $R_2$ | $e$ | $R_1$ | $R_3$ |
| $S_3$ | $S_3$ | $S_1$ | $S_4$ | $S_2$ | $R_1$ | $R_3$ | $e$ | $R_2$ |
| $S_4$ | $S_4$ | $S_2$ | $S_3$ | $S_1$ | $R_3$ | $R_1$ | $R_2$ | $e$ |

$x^4 - 2 = 0$ の解すべてを有理数に加えて作った $K = Q(\sqrt[4]{2}, i)$ の自己同型の作る群でした。この二つの見かけの異なる群が同じ群になるのは、偶然でしょうか？ いえ、必然なのです。次節でそれを解説しましょう。

# 自己同型群の解への作用

体 K=Q($\sqrt[4]{2}$, $i$) は 4 次方程式 $x^4-2=0$ の解すべてを有理数に加えて作ったものです。したがって、この方程式の 4 個の解が自己同型でどの K の要素に対応するかを考えます。

$x^4-2=0$ の解を $\alpha$ としましょう。当然、

$$\alpha^4-2=0$$

が成り立ちます。K の自己同型 $f$ による両辺の値は一致しますから、

$$f(\alpha^4-2)=f(0)$$

先ほどの計算と同じ計算（四則の保存、有理数の保存）によって、次のように変形できます。

$$f(\alpha)^4-2=0$$

したがって、解 $\alpha$ の自己同型 $f$ による値 $f(\alpha)$ は、やはり方程式 $x^4-2=0$ の解のどれかになります。40 ページで解説したように、自己同型写像は異なる数を異なる数に対応させる（単射である）ので、自己同型 $f$ によって、方程式 $x^4-2=0$ の 4 個の解は、入れ替わる（並べ変わる）ことになります。このことを、「**自己同型の解への作用**」と言います。

具体例を見てみます。先ほどの自己同型 $R_1$ によって、4 個の

解がどのように入れ替わるかを見てみましょう。自己同型 $R_1$ は $i$ を $i$ に対応させ、$\sqrt[4]{2}$ を $\sqrt[4]{2}\,i$ に対応させることに注意し、4 個の解 $\sqrt[4]{2},\sqrt[4]{2}\,i,-\sqrt[4]{2},-\sqrt[4]{2}\,i$ の対応先を求めると、

$$R_1(\sqrt[4]{2}) = \sqrt[4]{2}\,i$$

$$R_1(\sqrt[4]{2}\,i) = R_1(\sqrt[4]{2})R_1(i) = \sqrt[4]{2}\,i \times i = -\sqrt[4]{2}$$

$$R_1(-\sqrt[4]{2}) = -R_1(\sqrt[4]{2}) = -\sqrt[4]{2}\,i$$

$$R_1(-\sqrt[4]{2}\,i) = -R_1(\sqrt[4]{2})R_1(i) = -\sqrt[4]{2}\,i \times i = \sqrt[4]{2}$$

つまり、4 個の解 $\sqrt[4]{2},\sqrt[4]{2}\,i,-\sqrt[4]{2},-\sqrt[4]{2}\,i$ の対応先は、順に、$\sqrt[4]{2}\,i,-\sqrt[4]{2},-\sqrt[4]{2}\,i,\sqrt[4]{2}$ となって、並びが入れ替わっていることが見てとれますね。

4 個の解を $\sqrt[4]{2} \to $ A, $\sqrt[4]{2}\,i \to $ B, $-\sqrt[4]{2} \to $ C, $-\sqrt[4]{2}\,i \to $ D と名付ければ、自己同型 $R_1$ によって、A → B、B → C、C → D、D → A と対応することになります。A, B, C, D を正方形の頂点に設定すれば、図のように、自己同型 $R_1$ は、90 度の回転を表す正方形の移動を表すことになります。

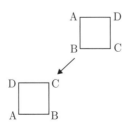

図 7-1

これは、88ページの図の左側の図の左下部分（90度の回転 $R_1$）と同じです。他の自己同型たちも、88ページの同じ名前の対称操作たちと一致します。つまり、Kの自己同型たちは、4個の解に作用することで、4個の解の入れ替えを引き起こし、それは正方形の対称操作と同じものになるのです。

## 中間体を見つけよう

次に、ガロアの基本定理の最も重要な帰結である、「部分群と中間体の対応」をこの例で確認してみましょう。

4次方程式 $x^4-2=0$ の4個の解をすべて加えて作った体 $K=Q(\sqrt[4]{2}, i)$ の8個の自己同型の作る群は、正方形の対称操作の作る群と一致する（同型である）ことがわかりました。すなわち、

$$G = \{e, R_1, R_2, R_3, S_1, S_2, S_3, S_4\}$$

ところで、正方形の対称操作の群の部分群はすでに95～99ページで求めてあります。全部で10個ありました。当然、これらは、体Kの自己同型の作る群の部分群でもあります。

列挙してみると、

$$G, \{e, R_1, R_2, R_3\}, \{e, R_2, S_1, S_2\}, \{e, R_2, S_3, S_4\},$$
$$\{e, R_2\}, \{e, S_1\}, \{e, S_2\}, \{e, S_3\}, \{e, S_4\}, \{e\}$$

これらの部分群の固定体を求めれば、体Kの中間体がすべて

求まることになります。

いくつか具体的に求めてみましょう。

まず、部分群 H＝$\{e, R_2\}$ の固定体 K(H) を求めます。

$\sqrt[4]{2} = \alpha$ と置いて、基底によって体 K の数を表現すれば、

$$x = a + b\alpha + c\alpha^2 + d\alpha^3 + ei + f\alpha i + g\alpha^2 i + h\alpha^3 i \quad \cdots ①$$

ただし、$a$ から $h$ のアルファベットは有理数です。これが $R_2$ で変化しない、すなわち、$R_2(x) = x$ となるような条件を求めればよいわけです。$R_2$ が $\alpha$ を $-\alpha$ に、$i$ を $i$ に対応させることに注意し、自己同型が四則を保存し、有理数を不変にすることから、

$$R_2(x) = a - b\alpha + c\alpha^2 - d\alpha^3 + ei - f\alpha i + g\alpha^2 i - h\alpha^3 i$$

これが、前の①と一致し、基底による表現が唯一であることを踏まえれば、$\alpha$ の係数を比べることで、$b = -b$ から $b = 0$ とわかり、同様にして、$d = 0$、$f = 0$、$h = 0$ もわかります。

これを $x$ の式①に代入すれば、

$$x = a + c\alpha^2 + ei + g\alpha^2 i \quad \cdots ②$$

となります。$\alpha^2 = \sqrt[4]{2}^2 = \sqrt{2}$ であることに注意すれば、

$$x = a + c\sqrt{2} + ei + g\sqrt{2}\, i$$

となります。これは、$1, \sqrt{2}, i, \sqrt{2}\, i$ を基底とする 4 次元ベクトル空間で、有理数体 Q に $\sqrt{2}, i$ を加えてできる体 Q($\sqrt{2}, i$) だとわかります。固定体 K(H) ＝ Q($\sqrt{2}, i$) と判明しました。

そうすると、さきほどの①式は、

$$x=(a+c\sqrt{2}+ei+g\sqrt{2}\,i)+(b+d\sqrt{2}+fi+h\sqrt{2}\,i)\sqrt[4]{2}$$

と書けるので、(K(H) の数)+(K(H) の数)$\sqrt[4]{2}$ という形になります。つまり、体 K は、中間体 K(H) 上の、1 と $\sqrt[4]{2}$ を基底とする 2 次元ベクトル空間ということになります。ここで、基底の $\sqrt[4]{2}$ は、K(H) 係数の 2 次方程式 $x^2-\sqrt{2}=0$ の解となっています。

そして、体 K の K(H) を要素を不変とする自己同型は、恒等写像 $e$ と、$\sqrt[4]{2}$ を $-\sqrt[4]{2}$ に対応させる $R_2$ だけです。このことは、第 2 章の 2 次方程式の議論とほとんど同じにできます。したがって、体 K の中間体 K(H) 上の自己同型の群は H={$e, R_2$} とわかります。部分群 H の固定体 K(H) の固定群 G(K(H)) は H ということになります。

さて、部分群 H={$e, R_2$} は G の正規部分群です。したがって、4 つの剰余類

$$eH=\{e, R_2\},\ R_1H=\{R_1, R_3\},$$

$$S_1H=\{S_1, S_2\},\ S_3H=\{S_3, S_4\}$$

は、演算に関して群を成します。これらは、固定体 K(H)=Q($\sqrt{2}, i$) の自己同型になっています。実際、剰余類 $R_1H=\{R_1, R_3\}$ の要素での、②の $x$ の対応先を求めると、$R_1(\alpha)=\alpha i$、$R_1(i)=i$ に注意して、

$$R_1(x) = R_3(x) = a - c\alpha^2 + ei - g\alpha^2 i$$

となりますから、ちゃんと K(H) の数となっており、$R_1$, $R_3$ は K(H) に制限すれば写像として一致しています。

ガロアの基本定理を使うと、中間体がわりあい簡単に見つかります。試行錯誤で中間体を見つける苦労と比べれば劇的です。

試しに、部分群 H = $\{e, S_1\}$ の固定体を求めてみましょう。先ほどと同じ手順を踏みますが、①のような式を書くとわかりにくいので、次のように表を使ってやりましょう。

| 係　　数 | $a$ | $b$ | $c$ | $d$ | $e$ | $f$ | $g$ | $h$ |
|---|---|---|---|---|---|---|---|---|
| 基　　底 | 1 | $\alpha$ | $\alpha^2$ | $\alpha^3$ | $i$ | $\alpha i$ | $\alpha^2 i$ | $\alpha^3 i$ |
| $S_1$ での像 | 1 | $\alpha i$ | $-\alpha^2$ | $-\alpha^3 i$ | $-i$ | $\alpha$ | $\alpha^2 i$ | $-\alpha^3$ |

したがって、$S_1(x) = x$ となるための係数についての等式は、以下のようになります。

$$b = f,\ c = -c,\ d = -h,\ e = -e,\ f = b,\ h = -d$$

これから、$b = f$, $c = 0$、$d = -h$、$e = 0$ と決定されます。これを①に代入すれば、

$$x = a + b\alpha(1 + i) + d\alpha^3(1 - i) + g\alpha^2 i$$

これが有理数体にどんな解を加えたものか、すぐにはわかりませんが、

$$(1+i)^2 = 2i,\ (1+i)^3 = -2(1-i)$$

に気が付けば、

$$x = a + b\alpha(1+i) + \frac{g}{2}\alpha^2(1+i)^2 - \frac{d}{2}\alpha^3(1+i)^3$$

と変形することができます。これは有理数体に $\alpha(1+i)$ を加えた拡大体 $Q(\sqrt[4]{2}(1+i))$ だとわかります。この中間体を、ガロアの基本定理を使わないで発見するのは至難の業でしょう。ちなみに、$H = \{e, S_1\}$ は正規部分群ではないので、剰余類によって中間体 $K(H)$ の自己同型群を求めることはできません。

部分群と中間体の対応は表のようになります。

| 部分群 | G | $\{e, R_1, R_2, R_3\}$ | $\{e, R_2, S_1, S_2\}$ | $\{e, R_2, S_3, S_4\}$ |
|---|---|---|---|---|
| 中間体 | Q | $Q(i)$ | $Q(\sqrt{2}\,i)$ | $Q(\sqrt{2})$ |

| 部分群 | $\{e, R_2\}$ | $\{e, S_1\}$ | $\{e, S_2\}$ |
|---|---|---|---|
| 中間体 | $Q(\sqrt{2}, i)$ | $Q(\sqrt[4]{2}(1+i))$ | $Q(\sqrt[4]{2}(1-i))$ |

| 部分群 | $\{e, S_3\}$ | $\{e, S_4\}$ | $\{e\}$ |
|---|---|---|---|
| 中間体 | $Q(\sqrt[4]{2})$ | $Q(\sqrt[4]{2}\,i)$ | K |

# ガロアの基本定理 1 の証明

さて、前の節でおおざっぱな証明のアイデアを述べた「ガロアの基本定理 1」を、もう少しきちんと証明してみましょう。ただし、証明はかなりハードなので、前節の具体例でおおよそ納得してしまった読者は飛ばしてかまいません。以下の証明は、アルティンという数学者が発見した証明で、現在のガロア理論の教科書の多くはこの証明を踏襲しているようです。

まず、「**ガロア拡大体**」というものを定義します。

体 K を体 F の拡大体とし、K の F 上の自己同型の作る群を G とします。G に属するすべての自己同型写像で不変な K の要素が F のみであるとき、「K は F のガロア拡大である」と言います。

K の F 上の自己同型は当然 F の要素をすべて不変にしますが、もっと多くの K の要素を不変にしたっておかしくありません。また、そういう拡大体もちゃんと存在します。したがって、「G に属するすべての自己同型写像で不変な K の要素が F のみ」という性質は、制限的な性質です。こういう性質を持つ拡大体を「ガロア拡大体」と呼ぶわけです。

証明には、次の 3 つの補助定理を使います。

**補助定理 1**　有理係数の $n$ 次方程式のすべての解を有理数に加えた体はガロア拡大である。

**補助定理 2** （デデキントの定理）

体 K は体 F の拡大体で拡大次数 $[K:F]=n$ とする。体 L を体 F の任意の拡大体とするとき、体 K から体 L への準同型写像（四則を保存する単射）は $n$ 個以下である。

**補助定理 3** （アルティンの定理）

体 K は体 F の拡大体で、K の F 上の自己同型の作る群を G とする。このとき、次の 2 つの条件は同値である。

($a$) K は F のガロア拡大である。

($b$) G の部分群 $G_1$ で、$G_1$ による K の固定体が F となるものが存在する。

さらに、このとき、$G=G_1$ であり、$[K:F]=$（G の要素数）となる。

これら 3 つの補助定理の証明は、かなりテクニカルであり、しかも多くの準備が必要なので、補足の章に証明の概略を解説し、さらに厳密な証明を知りたい読者には参考文献を紹介することにします。

以下、この 3 つの補助定理を使って、「ガロアの基本定理 1」を証明します。

まず、補助定理 1 から、体 K は F のガロア拡大となります。そこで体 K は体 F のガロア拡大であり、K の F 上の自己同型の作る群を G とします。

まず、Gの部分群Hに対して、その固定体K(H)の固定群G(K(H))が群Hに戻ることを証明しましょう。これはとても簡単です。

　補助定理3(b)でFと言っているものに、固定体K(H)をあてはめます。群Hの部分群Hの固定体がK(H)なのですから、KのK(H)上の自己同型の作る群$G_1$は群Hそのものであるとわかります。すなわち、G(K(H))=Hが成り立つ、ということです。ついでに、補助定理3(a)から、「体Kは固定体K(H)のガロア拡大」ということもわかります。

　次に、体Kの中間体Mに対して、その固定群G(M)による固定体K(G(M))は、体Mに戻ることを証明します。こちらのほうは、かなり巧妙な方法です。

　固定群G(M)をHと記しましょう。固定群の定義から、Hに属する任意の自己同型で体Mの要素はすべて不変になります。したがって、群Hの固定体K(H)を$M_1$と記すと、体$M_1$は体Mを包含しています。ですから、逆の包含関係$M_1 \subseteq M$を証明することになります。

　先ほどと全く同じ議論で、補助定理3から、体Kは固定体$M_1$のガロア拡大になり、そして、拡大次数[K:$M_1$]＝（群Hの要素数）が成り立ちます。体の拡大次数（ベクトル空間としての次元）の公式から、

$$[K:F] = [K:M_1] \times [M_1:F]$$

が成り立ちます。したがって、

$[M_1:F]=[K:F]\div[K:M_1]=$(群 G の要素数)$\div$(群 H の要素数)

となります。ここで群 G を部分群 H で剰余類に分類すると、各剰余類に属する G の要素数が(群 H の要素数)と等しいことから、剰余類の個数（剰余類がいくつあるか）が（群 G の要素数）$\div$（群 H の要素数）となることを思い出してください。したがって、拡大次数 $[M_1:F]$ がその剰余類の個数と一致します。

$$[M_1:F]=（剰余類の個数）=r$$

と置きます。群 G を部分群 H で分類した $r$ 個の剰余類から、1個ずつ自己同型を任意に選出し、それを $f_1, f_2, \cdots, f_r$ とします。これらの自己同型を体 M 上に制限します（面倒なので同じ記号で書きます）。これらの写像は体 M 上でみな異なっています。なぜなら、仮に、

$$M のすべての要素 x に対して、f_i(x)=f_j(x)$$

となったとすれば、

$$M のすべての要素 x に対して、f_j^{-1}\circ f_i(x)=x$$

となるので、$f_j^{-1}\circ f_i$ は M の固定群 $G(M)=H$ に含まれます。すると、$f_i$ と $f_j$ は群 G を部分群 H で分類した同じ剰余類に属し矛盾します。

ここで補助定理2から、準同型写像の個数は拡大次数以下なので、

$$[M:F] \geq r = [M_1:F]$$

　Mの拡大次数が$M_1$のそれ以上で、体$M_1$は体Mを包含しているので、$M = M_1$がわかって、証明が完了します。

　基本定理2の(1)は、188ページでほぼ完ぺきな証明が書いてありますが、この節での証明に沿って再現してみましょう。

　今、中間体Mと部分群Hが対応しているとします。すなわち、中間体Mの固定群が部分群Hで、部分群Hの固定体が中間体Mということです。

　この中間体Mの各要素をGの自己同型$g$で写像した要素の集合$g(M)$は、やはり中間体の一つになります。この中間体$g(M)$の固定群$G(g(M))$は、$g \circ H \circ g^{-1}$となるのです。

　実際、Mの要素$m$に対する$g(m)$と$g \circ H \circ g^{-1}$の要素$g \circ f \circ g^{-1}$に対して、

$$g \circ f \circ g^{-1}(g(m)) = g \circ f(m) = g(m)$$

となります（2番目の等式は、$f$がMの要素を不変にすることから出ます）。

　すると、

「部分群HがGの正規部分群」

　　⇔「Gのすべての自己同型$g$に対して、$g \circ H \circ g^{-1} = H$」

　　⇔「Gのすべての自己同型$g$に対して、$g(M) = M$」

という同値関係が明らかに成り立ちます。

この同値関係を使うと、「中間体 M が F 上のガロア拡大」⇔「部分群 H が G の正規部分群」という同値関係を次のように証明できます。

　「中間体 M が F 上のガロア拡大」が成り立つとき、補助定理3から、

　　（中間体 M の F 上の自己同型の個数）＝拡大次数 [M:F]

が成り立ちます。一方、先ほどの証明の中の M 上に制限した $f_1$, $f_2$, $\cdots$, $f_r$ は、左辺の「中間体 M の F 上の自己同型」をすべて含みます。ここで証明によって、$r=$[M:F] が判明していることに注意します。したがって、

　　[M:F]＝（中間体 M の F 上の自己同型の個数）≦ $r=$[M:F]

　よって、自己同型 $f_1$, $f_2$, $\cdots$, $f_r$ が中間体 M の F 上の自己同型のすべてだとわかります。このことは、「G のすべての自己同型 $g$ に対して、$g(M)=M$」を意味しますから、「部分群 H が G の正規部分群」が出てきます。

　逆に、「部分群 H が G の正規部分群」を仮定すると、「G のすべての自己同型 $g$ に対して、$g(M)=M$」が成り立ちます。すると、M 上に制限した $f_1$, $f_2$, $\cdots$, $f_r$ はすべて M の F 上の自己同型となります。G のすべての自己同型は、この $r$ 個のいずれかと M 上で一致します。もしも、この $r$ 個の自己同型すべてで不変な M の要素の中に F 以外のものがあると、その要素は G のすべての自己同型でも不変となるので、K が F 上のガロア拡大である

ことに反します。したがって、MのF上の自己同型で不変な要素はFのみとなり、「中間体MがF上のガロア拡大」が導かれます。

これでやっと準備が終わりましたので、次節でいよいよ、ガロアの定理の「それなり版」証明に突入することとしましょう。

# 解けない方程式の「からくり」はこうだ
## （それなり版証明）

いよいよ、5次方程式に四則とべき根で解けないものがあるという、ガロアの大発見の解説に進みましょう。

3次方程式に四則計算とべき根による解の公式が存在する理由は、第6章で説明しました。最も重要なポイントは、部分群 $H=\{e, f_1, f_2\}$ による固定体Mです。とりわけ、部分群Hが巡回群 (1つの要素を2個、3個と合成していくことですべての要素が作られる群) であることでした。また、190ページで紹介した例における4次方程式 $x^4-2=0$ も、四則計算とべき根で解ける方程式です。実際、解はすべて、$\sqrt[4]{2}$ と $\sqrt{-1}(=i)$ で表現できました。実はこの方程式では、自己同型群における部分群 $H=\{e, R_1, R_2, R_3\}$ が重要な意味を持ちます。Hの固定体は $Q(i)$ で、体 $K=Q(\sqrt[4]{2}, i)$ の $Q(i)$ 上の自己同型の群がHです。

そして、Hは（正方形の回転の対称操作でつくれる）巡回群でした。また、$Q(i)$ はQに2次方程式の解を加えた体ですから、

自己同型の群は要素が2個の巡回群です。このように、方程式が四則計算とべき根で解けることの背後には、自己同型の作る群の部分群で、巡回群であるものがかかわっていそうであることがわかります。実際、このことが5次方程式に四則計算とべき根で解けないものがあることにつながるのです。

さて、体Kを体Fの拡大体として、体Kが体Fのある要素のべき乗根を加えたものであるとき、「体Kを体Fのべき根拡大」と呼びます。また、体Kが体F上の自己同型の作る群が巡回群になるとき、「体Kを体Fの巡回拡大」と言います。別々に定義される2つの拡大体が実は一致していることがわかります。

---

### べき根拡大の定理1

体Fが1の$n$乗根をすべて含むとする。Fの数$a$の$n$乗根をFに付加して作ったべき根拡大体をKとするなら、体Kは体Fの巡回拡大である。

---

巡回群の定義(100ページ)をもう一度繰り返すなら、一つの元(自己同型)$f$を選び、$f$、$f \bigcirc f$、$f \bigcirc f \bigcirc f$、…などと自分同士を演算する(つなぐ)ことですべての元が作れてしまうような群のことでした。

この定理は、1の$n$乗根を含んでいるような体Fの任意の数の$n$乗根を体Fに付加して作った体Kの自己同型すべてが、ある自己同型$f$から$f$、$f \bigcirc f$、$f \bigcirc f \bigcirc f$、…と「繰り返し演算」

によって作られてしまうことを主張しています。つまり、自己同型の観点からはKは非常に簡単な体だということなのです。

例えば、今、Fとして有理数の作る体を考えましょう（F＝Qということ）。体Fは1の2乗根である1と−1を含んでいます。そして体Fの数2の平方根$\sqrt{2}$をFに付加したべき根拡大体$F(\sqrt{2})$をKと記しましょう。体Kは「（有理数）＋（有理数）×$\sqrt{2}$という形の数から成る集合」でした。

このとき、41ページで解説したように、Kの自己同型は二つあり、一つは恒等変換$e$、もう一つの写像$f$は共役写像と呼ばれ、任意の有理数$p, q$に対して数$(p+q\sqrt{2})$を数$(p-q\sqrt{2})$に対応させる（$q$の符号を逆にする）ようなものでした。したがって、体KのF上の自己同型の作る群は$G=\{e, f\}$となります。さらにこの$f$に対して、$f \circ f = e$（＝恒等変換）が成り立つのでした。よって、$G=\{f, f \circ f\}$と表すことができるので、Gは巡回群になり、KはF上の巡回拡大です。

このことをより一般に主張しているのが、「べき根拡大の定理1」なわけです。一般証明も簡単です。複素数の章で2の立方根を解説した138〜142ページとほぼ同じ議論ですが、繰り返すと以下のようになります。

〈べき根拡大の定理1の証明〉

体Fの数$a$に対して、$x^n = a$の解の一つを$\alpha$とし、$\alpha$をFに付け加えた体$F(\alpha)$をKとします。$\alpha^n = a$ですから、$x^n = a$の両辺をこの式の同じ辺で割れば、この方程式は、

$$\left(\frac{x}{\alpha}\right)^n = 1$$

と変形されます。したがって、$x/\alpha$ は 1 の $n$ 乗根でなければならないので、$x/\alpha$ は複素平面上の原点を中心とする半径が 1 の円周上で正 $n$ 角形を構成するそれぞれの複素数であることがわかります。それらは 138 〜 142 ページの議論により、$\varsigma$ を 1 の $n$ 乗根とし、

$$\varsigma, \varsigma^2, \varsigma^3, \dots, \varsigma^n(=1)$$

ですから、$x^n = a$ のすべての解は、

$$\alpha\varsigma, \alpha\varsigma^2, \alpha\varsigma^3, \dots, \alpha\varsigma^n(=\alpha) \quad \cdots ①$$

だとわかります。体 F がもともと 1 の $n$ 乗根をすべて含んでいるので、これらの解はすべて体 K に含まれることが判明しました。

次に体 K の F 上の自己同型のことを考えましょう。体 K の数は（1 の $n$ 乗根 $\varsigma$ を含む）F の数と $\alpha$ との四則計算で作られますから、自己同型が体 F の数を不変にすることを考慮すれば、問題は $\alpha$ が何に対応するかだけになります。

$\alpha^n = a$ より、自己同型 $f$ に対し $f(\alpha^n) = f(a)$ を満たすことから、$f(\alpha)^n = a$ となるのはこれまでの議論、例えば 139 ページと同じです。したがって、$\alpha$ が $f$ によって対応する数は、①の中の $n$ 個の数のいずれかでなければなりません。つまり、

$$f(\alpha) = \alpha\varsigma^k \ (k = 1, 2, 3, \cdots, n) \quad \cdots ②$$

の $n$ 個の写像で自己同型を確定できることになります。

ここで、特に $f_1(\alpha) = \alpha\varsigma$ と置いてみましょう。すると、

$$f_1 \bigcirc f_1(\alpha) = f_1(\alpha\varsigma) = f_1(\alpha)f_1(\varsigma) = \alpha\varsigma\varsigma = \alpha\varsigma^2$$
$$f_1 \bigcirc f_1 \bigcirc f_1(\alpha) = f_1(\alpha\varsigma^2) = f_1(\alpha)f_1(\varsigma^2) = \alpha\varsigma\varsigma^2 = \alpha\varsigma^3$$

などとなって、$f_1$ の繰り返し演算によって②のすべての自己同型が得られることがわかります。

〈べき根拡大の定理1の証明終わり〉

この定理の応用として、次の重要な定理が出てきます。

### べき根拡大の定理2

1 の $n$ 乗根をすべて含む体 F の数を係数とする方程式の解から作った体 K の体 F 上の自己同型の成す群を G とする。体 K と体 F の中間体 $K_1$ と $K_2$ があって、$K_2$ が $K_1$ のべき根拡大なら、群 G の元で $K_1$ を不変にするものを体 $K_2$ に制限したものがすべて $K_2$ の体 $K_1$ 上の自己同型になる。

証明は簡単です。

〈べき根拡大の定理2の証明〉

体 $K_2$ は $K_1$ のある数 $a$ の $n$ 乗根 $\alpha$ を $K_1$ に付加したものになりますが、さきほどの証明を読み直せばわかる通り、体 K の体 F 上の自己同型 $f$ に対する $f(\alpha)$ は、$\alpha \times$（1 のべき根）でなけ

ればならないので $K_2$ の数とならなければならないからです。
〈べき根拡大の定理2の証明終わり〉

そこで、1のべき根をすべて含んだ体をFとしましょう。与えられた高次方程式の解すべてを体Fにつけ加えて作った体をKとし、その体F上の自己同型の成す群をGとします。この方程式が四則計算とべき根で解けるなら、体Kのガロア系列が存在します。体Kのガロア系列というのは、体Fからスタートして、体Fのべき根拡大体 $K_1$、体 $K_1$ のべき根拡大 $K_2$、…、と続いていって、最後は体 $K_m$ のべき根拡大が体Kとなるような系列F, $K_1$, $K_2$, …, $K_m$, K のことでした。ハッセ図の中のひとつながりの系列です。

このような体Kのガロア系列が存在すると、「ガロア理論の基本定理2」からとてもうまいことが起きます。

中間体F, $K_1$, $K_2$, …, $K_m$, Kの固定群をそれぞれG, $G_1$, $G_2$, …, $G_m$, $\{e\}$ としましょう。要するに、ハッセ図で対応している部分群の列です。これらは左が右を含むような包含関係になっています。もちろん、部分群G, $G_1$, $G_2$, …, $G_m$, $\{e\}$ の固定体を列挙するなら、それぞれF, $K_1$, $K_2$, …, $K_m$, Kです（ガロア理論の基本定理1）。

次に、体Kに一番近い中間体 $K_m$ の固定群は $G_m$ ですが、体Kが体 $K_m$ のべき根拡大ですから $K_m$ 上の自己同型の成す群 $G_m$ は巡回群となっています。次のステップと表現をそろえるために、このことをあえて次のようなトリッキーな表現に変えましょう。

> 部分群 $G_m$ は部分群 $\{e\}$ を正規部分群として持ち、$G_m$ の $\{e\}$ による右剰余類の成す群は巡回群である。

次に、体 K と体 F の中間体である $K_m$ と $K_{(m-1)}$ の関係を考えましょう。体 $K_m$ は体 $K_{(m-1)}$ のべき根拡大なので、先の「べき根拡大の定理2」から、体 $K_m$ の体 $K_{(m-1)}$ 上の自己同型は群 G のすべての自己同型を $K_m$ に制限したものとなります。したがって、「ガロア理論の基本定理2（1）」から、固定群 $G_m$ は固定群 $G_{(m-1)}$ の正規部分群です。さらに、再び体 $K_m$ の体 $K_{(m-1)}$ 上の自己同型の成す群が巡回群であることから、$G_{(m-1)}$ の $G_m$ による右剰余類が巡回群であることがわかります。以下同様にして次のようなことが導かれます。

### 群のガロア系列

* 部分群 $G_m$ は部分群 $\{e\}$ を正規部分群として持ち、$G_m$ の $\{e\}$ による右剰余類の成す群は巡回群である。
* 部分群 $G_{(m-1)}$ は部分群 $G_m$ を正規部分群として持ち、$G_{(m-1)}$ の $G_m$ による右剰余類の成す群は巡回群である。
* 部分群 $G_{(m-2)}$ は部分群 $G_{(m-1)}$ を正規部分群として持ち、$G_{(m-2)}$ の $G_{(m-1)}$ による右剰余類の成す群は巡回群である。
* 以下同様。

この系列で注目すべきことは、右剰余類の成す群が巡回群であり、巡回群というのが可換群である、という点です。**四則とべき根で解ける場合、つまりべき根拡大の体の列が存在する場合には、可換性を保持した部分群の系列が存在しなければならない**、という強烈な性質が判明したわけです。

　そこでこの結果を5次以上の方程式にあてはめてみましょう。

　5次以上の方程式の解から作った体の自己同型の群にはこのような部分群の系列が存在しないものがあるのです。例えば、5次方程式 $x^5 - 10x + 5 = 0$ の解から作った体の自己同型の成す群は、5本のあみだクジのつくる群（120個の元から成る）と同型の群となります。そして、この群は十分に複雑な構造の群であるため、上に提示したような（右剰余類が巡回群となるような）部分群の系列が存在しないことを示すことができるのです。

# $x^5 - 10x + 5 = 0$ が解けない理由

　以下、5次方程式 $x^5 - 10x + 5 = 0$ が四則計算とべき根で解けない理由を説明します。まず、証明のアウトラインを述べます。

（ステップ1）5次方程式 $x^5 - 10x + 5 = 0$ は、3つの実数解と2個の虚数解を持つ。

（ステップ2）既約な5次方程式が3つの実数解と2個の虚数解を持つ場合、それらの解すべてを有理数体 Q に加えてできる体 K の Q 上の自己同型の群（ガロア群）

　　　　　　　は、5次対称群 $S_5$（5本の縦線を持つあみだくじの群）である。

(**ステップ3**) 5次対称群 $S_5$ には、群のガロア系列が存在しない。
(**ステップ4**) 群のガロア系列が存在しないので、体Kのガロア系列も存在しない。
(**ステップ5**) 5次方程式 $x^5-10x+5=0$ が四則計算とべき根で解けるなら、方程式の解ぜんぶで作った体Kにはガロア系列が存在しなければならないので、ステップ4に矛盾する。したがって、この方程式は四則計算とべき根では解けない。

　この方法がなぜ画期的かというと、前にも説明したように、拡大体の中間体というのは見つけるのが非常に難しいので、べき根拡大を特定することは困難をきわめます。それに対して、群に対する部分群の構造を調べるのは、がんばればできるレベルなのです。ガロアの発想の天才性は、体のガロア系列の分析を、群のガロア系列の話にすり替えて実行したことなのです。

　まず、ステップ1です。とりあえず、$x^5-10x+5=0$ のグラフを描いてみれば、次の図のようになります。$x$ 軸との交点が3個なので、実数解が3個であることがわかるでしょう。

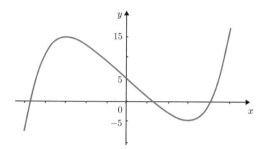

図 7-2

$y = x^5 - 10x + 5$ を微分すれば、

$$y' = 5x^4 - 10 = 5(x^4 - 2) = 5(x^2 - \sqrt{2})(x^2 + \sqrt{2})$$

となるので、$y' = 0$ となる極点は $x = \pm\sqrt[4]{2}$ の2個しかありません。したがって、図の3点以外には $x$ 軸との交点はありません。

次にステップ2のおおよその証明を与えます。厳密な証明を欲しい人は参考文献にあたってください。

5個の解を $\alpha_1, \alpha_2, \alpha_3, \alpha_4, \alpha_5$ とします。最初の2つを虚数解、後の3つを実数解とします。

これら5個の解を有理数体 Q に加えて体 K を作ります。この体 K の自己同型の作る群 G が5次対称群であることを証明します。

194ページで説明したように、群 G は5個の解に作用し、それらを並べ替えます。この並べ替えが「5個の順列」$5! = 120$ 通りあることを示すのです。そうすれば、群 G が5次対称群だと判明します。

5個の解 $\alpha_1$, $\alpha_2$, $\alpha_3$, $\alpha_4$, $\alpha_5$ を、簡単化のため添え字だけ取り出して、1, 2, 3, 4, 5 と略記しましょう。自己同型は、この5個の数字の並べ替えを与えることになります。

2個の虚数解 $\alpha_1$ と $\alpha_2$ は複素共役になっています。高校で習いますが、実係数の方程式のある解に対して、その複素共役は必ず解となるからです（複素共役が四則を保存することからわかる）。つまり、一方が $\alpha_1 = x + yi$ なら、他方が $\alpha_2 = x - yi$ となっている、ということです。「体Kの数を複素共役に対応させる写像 $f$」は虚数解 $\alpha_1$ と $\alpha_2$ を互いに入れ替え、$\alpha_3$, $\alpha_4$, $\alpha_5$ を不変にする自己同型です。したがって、$f$ を体K上に制限した写像（これも単に $f$ と記しましょう）は、$(1, 2, 3, 4, 5) \to (2, 1, 3, 4, 5)$ という並べ替えを与えます。

次に、体Kは有理数体Qに解たちを順次加えることで拡大して行って作られるのですが、1個目の解 $\alpha$ を加えて作られるベクトル空間は、1, $\alpha$, $\alpha^2$, $\alpha^3$, $\alpha^4$ を基底とする5次元になります（$\alpha^5$ は元の5次方程式によって、4次以下の式に置き換えられるから）。したがって、体Kの有理数体Q上の拡大次数は、

$$[\mathrm{K:Q}] = [\mathrm{Q}(\alpha): \mathrm{Q}] \times \cdots = 5 \times \cdots$$

から5の倍数となります。したがって、体Kの有理数体Q上の自己同型の作る群Gの要素数は $[\mathrm{K:Q}]$ ですから（補助定理3）、5の倍数であることがわかります。

ここで、補助定理を持ち込みます。

> **補助定理（コーシーの定理）**
>
> 素数 $p$ が有限群 G の要素数を割り切るとき、群 G には位数 $p$ の要素 ($p$ 回合成すると初めて単位元 $e$ になる要素、すなわち $g^p = e$ なる $g$) が存在する。

この補助定理の証明はさほど難しくないので、補足で与えることにします。この補助定理から、群 G には位数 5 の要素（自己同型）が存在することがわかります。この自己同型を $g$ と記せば、$g^5$ は単位元 $e$ となります。$(1, 2, 3, 4, 5)$ の並べ替えで 5 回実行すると初めて元に戻るのは、5 個を円形につなぐ順列、例えば、$(1, 2, 3, 4, 5) \to (2, 3, 4, 5, 1)$ のようなものです。

解の番号を付け替えて、自己同型 $g$ が $(1, 2, 3, 4, 5) \to (2, 3, 4, 5, 1)$ を引き起こすと仮定します。

すると、群 G は、$g \circ f \circ g^{-1}$ を要素に持ちますから、この自己同型の解への作用を見てみましょう。

$$(1, 2, 3, 4, 5)$$
$$\downarrow g^{-1}$$
$$(5, 1, 2, 3, 4)$$
$$\downarrow f$$
$$(5, 2, 1, 3, 4)$$
$$\downarrow g$$
$$(1, 3, 2, 4, 5)$$

これは、(1, 2, 3, 4, 5) → (1, 3, 2, 4, 5) という作用であることを意味し、2 と 3 の入れ替えとなっています。同様の作業から、3 と 4 の入れ替え、4 と 5 の入れ替え、5 と 1 の入れ替えも群 G の要素であることが判明します。

　すると、

(1 と 2 の入れ替え)○(2 と 3 の入れ替え)○(1 と 2 の入れ替え)
=(1 と 3 の入れ替え)
(1 と 3 の入れ替え)○(3 と 4 の入れ替え)○(1 と 3 の入れ替え)
=(1 と 4 の入れ替え)

を含み、同様にして、1 と $k$ の入れ替え ($k = 2, 3, 4, 5$) も要素として持っています。最後に、

(1 と $m$ の入れ替え)○(1 と $k$ の入れ替え)○(1 と $m$ の入れ替え)
=($m$ と $k$ の入れ替え)

となって、$m$ と $k$ の入れ替えすべてが群 G の要素であるとわかります。2 個の入れ替えによって、どんな入れ替えも実現できますから、群 G は 120 通りの順列全体を含んでいることがわかり、5 次対称群だとわかります。これでステップ 2 の証明が終わりました。

　ステップ 3 に進みます。

　ここでは、「5 次対称群 $S_5$ には、群のガロア系列が存在しない」を示したいわけです。

　群のガロア系列（213 ページ）とは、

* 部分群 $G_m$ は部分群 $\{e\}$ を正規部分群として持ち、$G_m$ の $\{e\}$ による右剰余類の成す群は巡回群である。
* 部分群 $G_{(m-1)}$ は部分群 $G_m$ を正規部分群として持ち、$G_{(m-1)}$ の $G_m$ による右剰余類の成す群は巡回群である。
* 部分群 $G_{(m-2)}$ は部分群 $G_{(m-1)}$ を正規部分群として持ち、$G_{(m-2)}$ の $G_{(m-1)}$ による右剰余類の成す群は巡回群である。
* 以下同様。

というものでした。このような系列 $G, G_1, G_2, ..., G_m, \{e\}$ が存在しないことを証明したいわけです。この場合、「巡回群である」を否定するのではなく、「可換群である」を否定します。巡回群（1つの要素の合成だけでできている部分群）は当然、可換群（交換法則が成り立つ部分群）ですから、「$G_{k-1}$ が $G_k$ を正規部分群として持ち、右剰余類が可換群」が全部で成り立つ系列が存在しなければ、「$G_{k-1}$ が $G_k$ を正規部分群として持ち、右剰余類が巡回群」が全部で成り立つ系列も存在しないとわかります。

　特に、$G_m$ の $\{e\}$ による右剰余類、これは $G_m$ そのものですから、$G_m$ は巡回群であり正規部分群です。したがって、「$S_5$ の $\{e\}$ でない正規部分群で巡回群であるものはない」を示せばいい。そのためには、「$S_5$ の $\{e\}$ でない正規部分群で可換群であるものはない」を示せば十分です。実は、5次対称群 $S_5$ の $\{e\}$ でない任意の正規部分群には、可換でない2個の要素、すなわち、$f \bigcirc g \neq g \bigcirc f$ となる $f$ と $g$ が存在することがわかります（これも補足の章で証明を与えます）。したがって、「$S_5$ の $\{e\}$ でない

正規部分群で可換群であるものはない」が示されます。

　ステップ4は明らかですから、これで「5次方程式 $x^5-10x+5=0$ が四則計算とべき根で解けない」ことが証明されました。

## 6次以上の方程式にも解けないものがある

　5次方程式について、四則計算とべき根では解けないものが存在することがわかりました。したがって、「解の公式」は存在しません。6次以上の方程式はどうでしょうか？

　この場合は簡単です。

　いま、6次方程式がすべて、四則計算とべき根で解けたとします。すると、

$$x^6-10x^2+5x=x(x^5-10x+5)=0$$

が四則計算とべき根で解けます。これは、$x^5-10x+5=0$ が四則計算とべき根で解けることを意味しますから前節の結果に矛盾してしまいます。したがって、6次方程式にも四則計算とべき根で解けないものが存在します。7次以上の場合も同様です。

## 解ける方程式の「からくり」はこうだ

　最後に、逆、つまり上記のような部分群のガロア系列があるなら、必ず四則とべき根で解ける、ということを考えましょう。

そのためには、「べき根拡大の定理1の逆定理」が大事になります。

> **べき根拡大の定理1の逆定理**
> 体Fが1のべき根をすべて含むとする。与えられた方程式の解をすべて体Fに付加して作った体KのF上の自己同型の作る群Gが巡回群ならば、KはFのべき根拡大でなければならない。

証明はこうです。

〈べき根拡大の定理1の逆定理の証明〉

体Kの体F上の自己同型の群Gが要素の個数が$n$の巡回群で、同型写像$f$を掛け合わせて行くことで作られるとします（G={$f$, $f○f$, $f○f○f$, …}ということ）。まず、体KのFの要素でない要素$y$を適当に取ります。そして、$f$で$y$を変換した$f(y)$に1の$n$乗根$\varsigma$を掛け、合成写像$f○f$に$y$をインプットした$f○f(y)$に$\varsigma$の2乗を掛け…、という具合にして、それらをすべて加え合わせて、Kに属する数$p$を作ります。

$$p = y + f(y)\varsigma + f○f(y)\varsigma^2 + \cdots + f○f○f○\cdots f○f(y)\varsigma^{n-1}$$
…①

このように作った$p$が求めるもの、つまり、$p$を$n$乗した

$p^n = \theta$ が体 F に属する数になるのです。逆にいうと、この F の元 $\theta$ の $n$ 乗根である $p$ を体 F に付加すれば、体 K ができあがる、すなわち、K＝F($p$) ということがわかるわけです。

　例えば、第 2 章では、2 次方程式（☆）の解 $\alpha$、$\beta$ を有理数 Q に添加した体 K を考えました。この K の同型写像で Q の要素をすべて不変にするようなものは、「恒等写像」$e$ および「$\alpha$ を $\beta$ に対応させ、$\beta$ を $\alpha$ に対応させる」写像 $f$ でした。つまり、自己同型の群は G＝$\{e, f\}$。ここで明らかに $f \bigcirc f = e$ ですから、G は巡回群です。

　そこで、$y$ として解 $\alpha$ を使い、今解説した上の式で $p$ を計算してみましょう。1 の 2 乗根は $\varsigma = (-1)$ ですから、

$$p = y + f(y)\varsigma = \alpha + \beta(-1) = \alpha - \beta$$

となります。実際、この $p = \alpha - \beta$ の 2 乗である $p^2 = (\alpha - \beta)^2$ が有理数になって F の元となることは、61 〜 63 ページで証明してあります。

　では一般に $p$ に対して $p$ の $n$ 乗がなぜ F の数となるといえるのでしょうか。これを証明するのに使われるのが、さきほどの「ガロア理論の基本定理 1」なのです。一般の場合も同じですから、$n = 3$ の場合で示しましょう。$\omega$ を 1 の 3 乗根として、

$$p = y + f(y)\omega + f \bigcirc f(y)\omega^2 \quad \cdots ②$$

とします。両辺の $f$ による対応先が等しいことから、

$$f(p) = f(y + f(y)\omega + f \circ f(y)\omega^2)$$

ここで、$f$ が四則計算を保存し、(1 の 3 乗根を含む) F の数を不変にすることから、

$$f(p) = f(y) + f \circ f(y)\omega + f \circ f \circ f(y)\omega^2$$

ここで $f \circ f \circ f = e =$ 恒等変換であることから $f \circ f \circ f(y) = y$ です。それと $\omega^3 = 1$ に注意して、

$$f(p) = \omega^2(y + f(y)\omega + f \circ f(y)\omega^2) = \omega^2 p$$

したがって、$f$ が乗法を保存することより、

$$f(p^3) = f(p)^3 = (\omega^2 p)^3 = p^3$$

となり、$p$ の 3 乗が $f$ によって不変です。ならば当然、$f \circ f$ でも、$f \circ f \circ f$ でも、G のすべての元でも不変です。それにより、「ガロア理論の基本定理 1」を使って、G の元すべてで不変な $p^3$ は、G の固定体 F の元であることがわかります。さらには、$p$ を $p\omega$ に対応させる K の F 上の自己同型を $f_1$ とすると、$\{f_1, f_1 \circ f_1, f_1 \circ f_1 \circ f_1\}$ という K の F 上の自己同型の巡回群が得られますが、要素数からこれはもともとの巡回群 G に一致しなければなりません。よって、K = F($p$)、つまり、K が F のべき根拡大

であることが証明されました。

### 〈べき根拡大の定理1の逆定理の証明終わり〉

　ちなみに、1の3乗根と有理数から作る体Fに3次方程式の三つの解 $\alpha, \beta, \gamma$ を付加した体Kの場合、第6章で解説したように、$\alpha$ を $\beta$ に、$\beta$ を $\gamma$ に、$\gamma$ を $\alpha$ に変換する自己同型 $f$ によって、部分群 $H = \{e, f, f \bigcirc f\}$ を作ることができます。この部分群は明らかに巡回群です。また、Hに属するすべての自己同型で不変になる体Mを作ると、MはFとKの中間の体となり、Mを不変にするKの自己同型がHそのものとなります。したがって、KはMのべき根拡大体となることがわかります。このとき、Mに付加してKを作るための元 $p$ は、先ほどの②式（①で $n=3$ とした式）によって、$y = \alpha$ と選べば、

$$p = \alpha + f(\alpha)\omega + f \bigcirc f(\alpha)\omega^2 = \alpha + \beta\omega + \gamma\omega^2$$

となります。この $p$ が169ページ④式で見かけたもので、3次方程式に解の公式があることの根本原理となったことを覚えておられることでしょう。

　さらに、部分群 $H = \{e, f, f \bigcirc f\}$ は群Gの正規部分群ですから、固定体MのF上の自己同型の成す群は、GのHによる右剰余類となり2個の元から成る巡回群となります。したがって、体MはやはりF上のべき根拡大となり、Fに2次方程式の解をつけ加えることで解けるのです。実際、145ページの3次方程式の解の公式を眺め直していただけばわかるように、解は有理数

の平方根と有理数を足したものを作り、その立方根と1の3乗根との四則計算で書けています。

　4次方程式の解の公式は本書では扱いませんが、4次方程式に解の公式が存在する理由も求め方も上記と同じです。もちろん、もっと高次の方程式になっても、「群のガロア系列」が存在するなら、それは四則計算とべき根計算ですべての解を求めることができるのです。

ガロアの群論のその後の発展

第8章

# ガロアの発想は数学の最先端へ

　前章までの解説で、ガロアが「方程式の解の公式」に関して成し遂げた歴史的偉業についての解説は終わりました。しかし、数学の世界では、むしろこれが新しい時代の幕開けとなったといっても過言ではありません。ガロアがアプローチした方法論は、その後の数学で中心的な方法論に育っていったからです。

　この成長には二つの方向性がありました。**第一の方向は、群論そのものの発展**です。群という数学概念が、数学の多くの分野に現れ、数学的構造の本質を見抜くために有効であることが明白となったのです。

　もう一つの方向は、**ガロアの証明の手法の進化**でした。ガロアの手法というのは、方程式の解の構造を代数体というもので表現し、他方、体の自己同型に群の構造があることを明らかにし、体の拡大に関するハッセ図と群の部分群に関するハッセ図とに完全な対応関係があることを利用して、解の構造に関する分析を部分群の分析にすり替える、そういうものだったわけです。このような「**二つの数学構造を行ったり来たりして性質を明らかにする**」という方法論は、その後の数学の主要なアプローチ方法となったのです。

　ガロア理論の応用に関して有名なものでは、350年の未解決問題「**フェルマーの最終定理**」を挙げることができます。「フェルマーの最終定理」というのは、17世紀の数学者フェルマーが「$n$

が3以上の自然数のとき、$a^n + b^n = c^n$ を満たす自然数 $a, b, c$ は存在しない」という定理を証明なしで提出し、それが350年以上にわたる未解決問題となったものです。この定理は、1995年にワイルズによって証明されましたが、その証明の一部には、「**ガロア表現**」と呼ばれるガロア理論の拡張形が使われました。

「ガロア表現」を解説することは、残念ながら、筆者の力量では到底無理です。この章では、もう少し易しい「ガロア後の数学の展開」の一端をお見せしたいと思います。とはいっても、これまでの章に比べると難度がぐっと上がるので、覚悟しつつなんとか最後まで読みつないでください。

## こんがらがった紐の理論～基本群

筆者は、よく、デジタルオーディオプレーヤーのヘッドフォンをしたまま、ショルダーバックを肩からはずせるかと悩むことがあります。ヘッドフォンのコードの絡み方次第ではずせたりはずせなかったりするわけです。実は、このような「紐の絡まり方」にも固有の数学が関わっています。

今、床から天井へ柱が立っているとしましょう。そして、ロープを一本用意します。ロープは、輪ゴムっぽい素材のもので、伸び縮みが自在であると仮定します。ロープの一端を赤に、他端は青に色づけされているとし

ます。図8-1のように赤の端を床に留めましょう。そして、このロープを柱の周りにぐるぐると適当に巻き、青の端を赤と同じ場所に留めます。このようにしてできたロープの状態を「**ループ**」と名付けます。

このようなループをすべて集めた集合をΩと書くこととしましょう。ただ

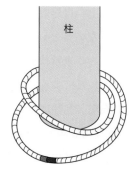

図8-1

し、ロープを切らないで、両端を床に留めたまま、伸び縮みさせたり位置を変えたりすることで同じになる二つのループは同一視して、Ωの中の同じ元だと見なすことにします。例えば、図8-2の左側のループは、留めてある場所から引っ張れば、縮んで右図のような柱を回らないループになります。この二つのループは、見かけは違っても、Ωの元としては同一のものなのです。

さて、これらのループたちに対して、**演算を導入することができます**。ループ $a$ とループ $b$ が与えられたとき、$b \bigcirc a$ にあたるループを次のように定義するのです。まず、ループ $a$ の終点で

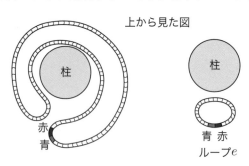

図8-2

ある青の端と、ループ $b$ の出発点である赤の端を、留めた床からはずします。そして、それらの二つの端を接着剤で接続して赤の色と青の色を消してしまいます。そうすると、できあがったものは、$a$ の赤い端を出発点とし $b$ の青い端を終点として、出発点と終点が一致している一本のループになります。これが $b \bigcirc a$ なのです。

このように演算 $b \bigcirc a$ を定義すれば、ループの集合 $\Omega$ が群となることは簡単に理解できるでしょう。まず、演算結果がループになることと、結合法則 $c \bigcirc (b \bigcirc a) = (c \bigcirc b) \bigcirc a$ の成立はわざわざ考えるまでもありません。また、単位元は、図8-2 の右側のループ $e$ であることも納得できるでしょう。つまり、任意のループ $a$ とこのループ $e$ をつないだものは、ちょっと引っ張れば $e$ の部分が消えて、ループ $a$ と同じになりますから、$a \bigcirc e = e \bigcirc a = a$ です。ループ $a$ の逆元は、ロープの赤と青を塗り替えたループ、すなわち、ロープの柱への絡み方が真反対になったものです。例えば、図8-3 のようにループ $a$ の赤と青を入れ替えたものをループ $b$ とすれば、$b \bigcirc a$ は図8-2 の左図と同じものになり、

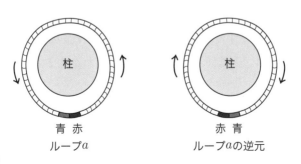

図8-3

結局、これを引っ張れば同右図の単位元 $e$ と一致します。要するに、ループ $a$ と周り方を真逆にしたループ $b$ とをつないでスルスルと引っ張ると、柱からほどけてしまう、ということです。

さて、このようなループの成す群 $\Omega$ はどんな群でしょうか。これはちょっと考えれば思いあたることと思います。そうです。整数の加法に関する群 Z と同じものになるのです。

ループ $a$ が柱を左回り（反時計回り）に $n$ 巻きするループであるなら、ループ $a$ を正の整数 $n$ に対応させます。また、右回りに $n$ 巻きするループであるなら、ループ $a$ を負の整数 $(-n)$ に対応させます。最後に、柱からほどけてしまっている単位元 $e$ のループは整数 0 に対応させます。これで群の同型写像のできあがりです（同型な群や写像については、81 ページ参照のこと）。

実際、柱を左回りに 3 周するループを $a$ とし、右回りに 1 周するループを $b$ とすると、ループ $b \bigcirc a$ は、左回りに 3 周したあと右回りに 1 周もどるループですから、結局、1 周分ほどけることになり、左回りに 2 周するループ $c$ と同じになります。つまり、$b \bigcirc a = c$。この等式は、左回り 3 周を $n = +3$ に、右回り 1 周を $n = -1$ に対応させることで、$b \bigcirc a$ は $(-1) + (+3) = (+2)$ と対応しています。これで、ループの群 $\Omega$ は整数の加法群 Z と同型、つまり、全く同じ構造の群であるとわかります。

# 曲面の上でのループの群を考える

このようなループの成す群は、もっと一般の曲面上で定義することができます。

例えば、図8-4のような5円玉と同じく穴が1個空いた平面内の領域 X を考えましょう。定点 $x_0$ を出て $x_0$ に戻るループの集合は、前節で定義したのと同じ「つなぐ」という演算に関して群を成します。この群を空間 X の $x_0$ を基点とする「**基本群**」と呼び $\pi_1(X, x_0)$ と記し

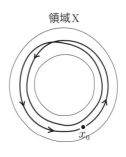

図8-4

ます。この空間 X が5円玉状の領域である場合の基本群 $\pi_1(X, x_0)$ は、前節の柱に巻き付くループの群 Ω と同型であることは明らかにおわかりでしょう（真面目に証明しようとすると、そんなに簡単ではないのですが）。したがって、この群 $\pi_1(X, x_0)$ は、整数の加法群 Z と同じ群になります。

平面上の特定の領域や、さまざまな曲面を空間 X として取り上げ、その上の基本群を調べると、それらの空間にどのような図形的な特性があるかをある程度つかむことができるようになります。つまり、**基本群は空間を分類するための1つの有力なツールになる**、ということです。

例えば、空間 X を球面としてみましょう。このとき、球面上の1点 $x_0$ を出て $x_0$ に戻るループは、図8-5のようにみかけ上何

回転していても、スルスルと引っ張れば、球の表面上で縮みながら1点 $x_0$ にまで縮んで回収できてしまいます。したがって、基本群 $\pi_1(X, x_0)$ は、単位元 $e$ だけから成る自明な群 $\{e\}$ と一致してしまうことがわかります。このように、すべてのループを1点に縮めて回収できてしまうようなひとつながりの空間を「**単連結**」と呼びます。

次に図8-6のようなドーナツ型の表面を考えましょう。これを専門の言葉で**トーラス面**といいます。トーラス面では、図のように、穴をぐるっと回るループ $a$ は引っ張っても1点に縮めることはできません。また、側面を1周してくるループ $b$ も1点に縮めることができません。したがって、基本群 $\pi_1(X, x_0)$ は、自明な群とはなりません。これがどんな群になるかは、もっとあとの節で説明することにしましょう。ここでは、トーラス面は単連結ではない、ということだけ理解してください。

基本群についての重要な性質は、次のものです。すなわち、「空間 $X_1$ を切断したり縫合したりしないでゴム状の伸び縮みだけで空間 $X_2$ に変形することができる（専

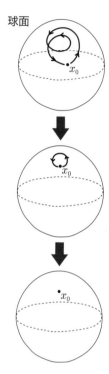

図8-5

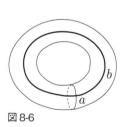

図8-6

門的には、**曲面 $X_1$ と $X_2$ が位相同型**という）なら、$X_1$ 上の基本群 $\pi_1(X_1, x_0)$ と $X_2$ 上の基本群 $\pi_1(X_2, x'_0)$ は同型の群になる」ということが成り立つのです。これは、ずぼらに考えるだけならあたり前のことです。空間を伸び縮みさせているだけなのだから、空間内のループも同じように伸び縮みするので、群の構造は変わらないだろう、そういうことに過ぎません。もちろん、このことをきちんと証明するためには、「伸び縮み」を正確に定義しなければならないのでしんどいのですが。

　以上のことからわかるのは、「**基本群を調べてそれが異なっていれば、二つの曲面は切り貼りすることなしには同じ図形にならない**」、ということです。例えば、球面とトーラス面は、さきほど説明したように基本群が異なるので、伸び縮みで一致させることはできず、曲面として本質的に異なるものであることがわかります。読者のみなさんには、そんな当たり前のことを何でまどろっこしく調べるのだ、と言われてしまいそうですね。トーラス面には穴があって、球面にはないのだから、伸び縮みだけでは同じにならないじゃないか、と。それはおっしゃるとおりなのですが、もっと複雑で、目で見ただけではわからないような、あるいは形が想像できないような曲面についてはこの基本群を調べる方法論こそ威力を発揮するわけです。

## ポアンカレ予想を解決したペレルマン

　基本群という概念を導入したのは、ポアンカレという19世紀

後半から20世紀前半に活躍した数学者です。ポアンカレは、基本群に関する非常に有名な予想「**ポアンカレ予想**」を1904年に提出しました。それは次のような予想です。

普通の曲面を考えましょう。普通の曲面とは要するに球面とかトーラス面とか円柱面とかのような2次元図形の曲面です。球面が単連結であること、つまりその基本群が自明な群であることはさきほど説明しましたが、他のどんな面も、それが単連結ならば必ず切り貼りなしの伸び縮みだけによって球面に直せるでしょうか、すなわち、球面と位相同型でしょうか。これが、2次元球面（3次元の中の球の表面）についてのポアンカレ予想です。この2次元版が正しいことは古典的な結果です。実際、円柱面は単連結ですが、円柱の内部に空気を送りこんで膨らませると明らかに球面になります。また、トーラス面は膨らませても球面に変形できないことは先述のとおりですが、トーラス面は単連結ではないので、これもポアンカレ予想には反していません。

では、$n$が3以上のときも、同じようにどんな単連結な$n$次元曲面も$n$次元球面に位相同型だと言えるでしょうか。そうに違いない、というのがポアンカレ予想だったのです。

まあ、$n$が3以上の場合、$n$次元球面というのがどんな図形であるのかは、純粋数学の訓練を受けた人にしかわからないと思います。

2次元球面というのは、3次元空間の中で方程式$x^2+y^2+z^2=1$を満たす点$(x, y, z)$の作る図形です。これは要するに「どの点も原点からの距離が1である」ことを表

していて、いわゆる「球面」となることは高校の数学で習います。他方、3次元球面というのは、4次元の中で、方程式 $x^2+y^2+z^2+w^2=1$ を満たす点 $(x, y, z, w)$ の作る図形です。これは4次元の中の図形なので、普通の人には想像が及びません。なので、ここではこれ以上、図形の形状には深入りせずに先に進みましょう。

ポアンカレ予想は、$n=2$ の解決のあと、面白いことに $n$ が4以上の次元すべての場合に正しいことが証明されました。ところが、残る $n=3$ の場合は、100年近くにわたって解決しなかったのです。悲観的な数学者たちの間では、$n=3$ については当面不可能であろう、ひょっとすると21世紀中には無理かもしれない、と噂されていました。そんな中、ロシア出身の数学者ペレルマンの活躍で事態は一転。ペレルマンは、2002年に突如、解決を宣言し世界を驚かせました。

解決にまつわるペレルマンの行動は異例づくめでした。

まず、証明を学術誌ではなくインターネットに公開しました。しかも、その論文の書き方は、まるで証明方針についてのメモ書きのようなものだったので、ダウンロードした多くの人は冗談ではないかと思いました。しかし、ペレルマン自身は業績のある数学者だったので、幾何学の専門家による検討チームが結成されました。結果、この専門家チームによって、ペレルマンの証明の方針が実際に実行可能であり、その方法でポアンカレ予想が肯定的に解決されることが確認されました。

物議を醸したのは、ペレルマンが数学界最大の栄誉である

フィールズ賞の受賞を拒否したことです。ペレルマンは受賞拒否で世間が大騒ぎになると、今度は世の中との連絡を絶ってどこかに雲隠れしてしまったのでした。本当に変わり者の数学者だといっていいでしょう。

このような奇行は、ペレルマンという数学者が、純粋に数学だけを愛し難問を解決することだけに喜びを感じ、それ以外にはお金にも名誉にも全くの関心がないことの現れだ、と理解すればいいのではないかと思います。本書の第1章でいろいろな数学者の波瀾万丈の生涯を読んだみなさんは、数学者という人種の変わり者ぶりにもう慣れているので、さほど驚かれないことでしょう。

以上で、空間とその基本群の説明を終わりますが、ここから、ガロアの理論との関係をお話ししていくことになります。この基本群にこそ、ガロア理論の発展形が秘められているのです。

## 繰り返し模様の幾何学

基本群とガロア理論との関係を明らかにするためには、あと二つほど準備が必要です。その第一のものが、壁紙やカーペットなどに見られる「**繰り返し模様**」**から生み出される群構造**です。

図8-7を見てください。壁紙やカーペットなどの典型的な繰り返し模様です。このような平面の繰り返し模様があると、容易に群を定義することができます。それは、各長方形の画が他の長方形の画にぴったり重なるような平行移動の集まり G を考えるこ

とです。例えば、図8-7中の矢印のような「右に2個、上へ1個の平行移動」はそういう中の一つです。このような平行移動は、「つなぐ」ことによって群を成すことが簡

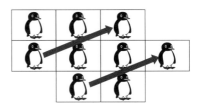

図8-7

単にわかります。これには「並進群」という名前がついていますが、ここではイメージしやすいように「カーペット群」と勝手に呼ぶことにしましょう。

　図8-7のカーペット群は、実は、「整数座標の作る加法群」と同じ構造をしています。ここで「整数座標の作る加法群」というのは、（整数、整数）という座標の集合に $(a, b)+(c, d)=(a+c, b+d)$ という「同じ座標同士の和」を加法として導入したものです。これが $(0, 0)$ を単位元とする群を成すことはすぐに理解できるでしょう。

　カーペット群の元 $\sigma$「右に2個、上に1個の平行移動」を $(2, 1)$ と対応させ、元 $\tau$「右に3個、上に $(-4)$ 個の平行移動」を $(3, -4)$ と対応させれば、$\sigma$ と $\tau$ をつなぐことでできる平行移動 $\tau \circ \sigma$ は、$(3, -4)+(2, 1)=(5, -3)$ と対応することがわかります。このように図8-7のカーペット群は「整数座標の作る加法群」と同型の群となることがわかります。

　カーペットが平面ではなく、帯の場合はもっと簡単です。図8-8を見てください。この場合は、模様は映画のフィルム状になっていますから、平行移動の群は「右にいくつ進むか」で決まっ

てしまいます。つまり、この場合のカーペット群は、**整数の加法群と同型**になることは火を見るより明らかです。

図8-8

　本書で必要なのは、平行移動の群だけなので、ここで詳しい解説を終わりにしますが、実は一般の壁紙模様から作る群では、平行移動以外に回転移動も認めます（この場合は、模様は対称性のある幾何図形です）。そして、模様が重なるような平行移動と回転移動の組合せを元とする群を「壁紙群」と呼ぶそうです。この壁紙群には異なる 17 個が存在することが証明されています。詳しくは、巻末の参考文献を参照してください。

　カーペット群や壁紙群は、明らかに、図形の対称性が生み出していることはおわかりになるでしょう。以前に書いたことの繰り返しになりますが、群とは対称性の表現なのです。

## 箱と包み紙の幾何学

　もう一つ紹介しなければならないのは、空間 X に対する「**被覆空間**」という数学概念です。被覆空間というのは、簡単に言えば、与えられた空間 X を包み込んでいるもっと広い空間のようなものです。以下、詳しく定義しますが、とりあえず空間 X を

「箱の表面」、空間 X の被覆空間 X′ を「箱の包み紙」のようなものと想像してみてください。箱と包み紙の関係は次のようになります。

　まず、針を包み紙の上から箱の表面の 1 点 Q に突き刺します。こうした後、包み紙を開くと包み紙には何点かの穴が空いているでしょう。それを仮に $P_1, P_2, P_3$ としてみます。包み紙が箱を 3 重に包んでいるので、穴が三つあるわけです。さらには、箱の中に果物が入っていて針の穴から果汁が染み出し箱の表面に小さなシミ U を作っていたとしましょう。ならば、包み紙にもシミができているはずです。このときシミは点 $P_1$ の周辺の $U_1$、点 $P_2$ の周辺の $U_2$、点 $P_3$ の周辺の $U_3$ の三カ所であり、シミが小さければ、このシミ $U_1, U_2, U_3$ には重なりがないのが自然でしょう。実は、このような条件を満たすのが空間 X とその被覆空間 X′ の関係なのです。

　正式な定義は後回しにして、具体例をいくつか見てもらいます。

[例 1]

　図 8-9 のように、空間 X が平面で被覆空間が 3 枚の平面からなる空間 X′ です。空間 X は一番下のある平面です。そして、被覆空間 X′ は平面が 3 層になったもので、空間 X の上空にあります。ケーキ

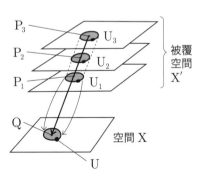

図8-9

のミルフィーユなどを想像していただけばいいかもしれません。

今、写像 $f$ を、空間 $X'$ の各点をそれから真っ直ぐ空間 X に下ろした垂線の足に対応させるものとします。そうすると、空間 X の任意の点 Q に対する逆像（これを記号で $f^{-1}(Q)$ と記す）は、Q から真っ直ぐ上に持ち上げた点 $P_1, P_2, P_3$ の3点となります。そして、適当に Q の周りに小さな領域 U を作れば、領域 U に属するすべての点の逆像が作る集合（これを記号で $f^{-1}(U)$ と記します）は、領域 U を持ち上げた領域 $U_1, U_2, U_3$ の3個となり、これらは明らかに共通部分を持ちません。このような写像 $f$ を **被覆写像** と呼び、空間 $X'$（3層から成る平面）を空間 X（平面）の被覆空間といいます。また、「空間 $X'$ は写像 $f$ によって空間 X を被覆する」ともいいます。簡単に言えば、この場合、空間 X（平面）は空間 $X'$（3層の平面）によって「包まれている」、ということなのです。

[例2]

もう一つ例を挙げましょう。こちらの [例2] が今後重要になる例です。図8-10を見てください。空間 X は5円玉状の（2次元）空間です。その被覆空間 $X'$ は、空間 X の上に包帯みたいに螺旋状にぐるぐると回る上にも下に

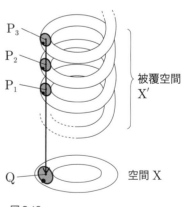

図8-10

も無限に長い空間です。余談ですが、アメリカにあるグッケンハイム美術館は、こんな風な螺旋状の通路そのものが展示場になっていてとてもステキでした。

被覆写像 $f$ は［例1］と同じく、図のように真下に垂線を下ろしたその足と対応させるものとします。すると、空間 X の点 Q に対する逆像 $f^{-1}(Q)$ は無限個の点の集合 $\{\cdots, P_{-2}, P_{-1}, P_0, P_1, P_2 \cdots\}$ となります。そして、点 Q の周りに十分小さい領域 U を作り、その逆像 $f^{-1}(U)$ を作れば、図のように交わりのない無限個の領域 $\cdots U_{-2}, U_{-1}, U_0, U_1, U_2 \cdots$ となり、各 $U_k$ は点 $P_k$ の周りの領域となります。この例では、領域 U を十分小さくとることは大事です。あまり大きくすると、$U_k$ と $U_{(k+1)}$ が交わってしまうからです。図8-10に描いたように、空間 X は5円玉でその被覆空間 X′ は帯状の図形です。

［例3］

さらに三つ目の例を挙げます。これも空間 X は5円玉状の穴の1個空いた空間です。図8-11を見てください。今、空間 X のコピーを二つ作り、コピー1とコピー2とします。次に、図のように、それぞれを穴のところまで切り開きます。そして、コピー2を180度回転し、切り口 $A_1B_1$ と $C_2D_2$ が重なり、切り口 $C_1D_1$ と $A_2B_2$ が重なるように貼り合わせます。このように空間 X のコピー二つを点対称に貼り合わせて作った空間が被覆空間 X′ なのです。被覆写像 $f$ はコピー上の点からオリジナルの同じ点に対応させるもので、図8-11のように与えられます。

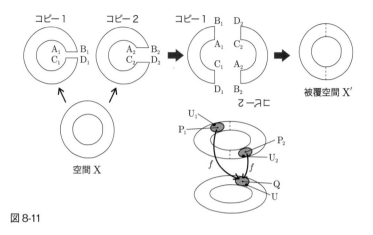

図 8-11

　この場合は、空間 X もその被覆空間 X′ も同じ 5 円玉ということになります。被覆空間の三つの例の中で、とりわけ重要なのは、2 番目の例です。この例では、5 円玉の被覆空間であるカーペットが、単連結な空間になっています。単連結とは、234 ページで説明したように、すべてのループを 1 点に縮めて回収できてしまう、すなわち、基本群が自明な群であるようなひとつながりの空間でした。このように、単連結な被覆空間を「**普遍被覆空間**」と呼びます。この例が大事なのは、**空間 X には穴が空いていて単連結ではないのに、その被覆空間 X′ が単連結だから**です。このことがあとで基本群とカーペット群の関係を明らかにする役割を果たすことになります。

　本節の最後に、正式な定義を述べますが、今までの例でなんとなくわかってしまった人は読み飛ばしていいと思います。

### 被覆空間の定義

 空間 X に対し、空間 X′ と X′ から X への写像 $f$ が存在して、以下を満たすとき、写像 $f$ を空間 X′ から空間 X への**被覆写像**といい、空間 X′ は写像 $f$ によって空間 X を**被覆する**、という。さらには、空間 X′ を空間 X の**被覆空間**と呼ぶ。

(i) 写像 $f$ は空間 X′ から空間 X への連続写像である。
(ii) 空間 X の任意の点 Q に対して、$f^{-1}(Q)$ は有限個または無限個あり、それらを $P_1$, $P_2$, $P_3$…, とする。点 Q の周りに十分小さい連結近傍 U を取れば、逆像 $f^{-1}(U)$ は、点 $P_1$ の周りの連結近傍 $U_1$、点 $P_2$ の周りの連結近傍 $U_2$、点 $P_3$ の周りの連結近傍 $U_3$、…に分離し、それぞれどの二つの連結近傍も共通部分を持たない。また、$f$ は各 $U_i$ に対し、$U_i$ の点と U の点とを1対1に対応させる。

 以上の定義には、本書では厳密に定義していない用語がわんさか出てきますが、それらについて詳しい定義を述べることはご容赦願うことにします（厳密な定義がどうしても知りたい人は、専門書で勉強してください）。ここに出てくる「連続写像」とは、「近くの2点の像はやはり近くの2点であるような写像」のことで、「点Pの連結近傍」という言葉は、点Pの周辺を囲った「小さな一区画」程度に理解していただければ十分です。

# トーラス面の被覆空間

被覆空間の例として、今までより少しだけ難しいものを挙げましょう。それはトーラス面（ドーナツ型）の被覆空間です。これを理解できると、棚上げしていたトーラス面の基本群についてアプローチすることができるようになるのです。

まず、長方形がトーラスに対する一重の包み紙になることを図で示しましょう。図8-12を見てください。長方形ABCDを用意し、まず辺ADと辺BCをAとBが合わさり、CとDが合わさるように貼り合わせます。これで筒ができます。次にこの筒の二つの円を貼り合わせます。そうすればトーラス面ができあがります。

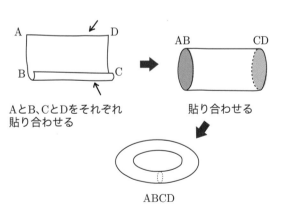

図8-12

このように長方形をトーラス面に貼り付けられることが理解できれば、平面がトーラスの被覆空間になることは、図8-13から容易に理解できるでしょう。平面を合同な長方形に区切って、そのおのおのを今のようにトーラス面に作り変えてトーラス面に貼り付けるようにすればいいだけです。実際、図のように、点Qの逆像は各長方形に一つずつ点$P_{ij}$として打点され、点Qの周囲の十分小さい領域Uの逆像$U_{ij}$は各長方形の中で$P_{ij}$の周囲の領域となり、それぞれ交わりを持たずに分離します。明らかに平面はトーラス面に対する普遍被覆空間です。

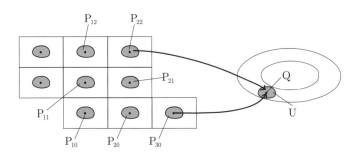

図8-13

## 被覆空間の基本群

　被覆空間を考える意義は何でしょうか。それは、空間の基本群についての洞察力を高めることができることなのです。

　空間Xに対して、被覆空間X′が与えられると、空間X上の基本群と空間X′上の基本群の間にも関係性を見いだすことがで

きます。なぜなら、基本群は空間上に描かれたループなので、被覆空間のループはそれが被覆する空間に被覆写像を使って落とすことができます。これは、包み紙に書いたループをそのままそれが包んでいる箱に自然に投影できる、ということに他なりません。

今、空間 $X'$ は写像 $f$ によって空間 $X$ を被覆するとします。被覆空間 $X'$ の点 $O'$ を任意に選びます。その被覆写像 $f$ による点 $O'$ の像 $f(O')$ を $O$ としましょう。点 $O'$ を基点とするループの成す基本群 $\pi_1(X', O')$ を作ります。次に、この基本群に属する任意のループ $a'$ を写像 $f$ によって空間 $X$ 上に写像してできる図形は、空間 $X$ 上の $O(=f(O'))$ を基点とするループ $a$ となります。イメージ化を容易にするために、ループ $a$ をループ $a'$ の「影」と呼ぶことにします。

このように被覆空間 $X'$ の点 $O'$ を基点とするすべてのループを空間 $X$ に落とすことによって、空間 $X$ においてそれらの影となるような点 $O$ を基点とするループの集合ができます。この集合を、少し入り組んだ記号ですが、素朴に $f(\pi_1(X', O'))$ と記すことにしましょう。これを、基本群 $\pi_1(X', O')$ の影と名付けます。

この「被覆空間のループの影が被覆される空間のループになる」ということだけからも、面白いことがわかります。例として、トーラス面を再びとりあげましょう。

今、図8-14の左図のような、トーラス面の被覆空間（平面） $X'$ で点 $Q$ の逆像である 4 点、$P_{11}$, $P_{21}$, $P_{22}$, $P_{12}$ をこの順につなぐ任意のループを考えます。このループに対する影を被覆写像でトーラス面 $X$ 上に作ると右図のようなものになります。すなわ

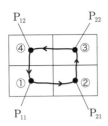

図 8-14

ち、①で点 Q を出発し、トーラス面をぐるっと 1 周して②で点 Q に戻り（このループを $a$ と名付ける）、②から穴のほうをぐるっと 1 周して③で再び Q に戻り（これをループ $b$ と名付ける）、次に③からトーラス面の側面をさっきとは逆回りに 1 周して④で点 Q に戻り（このループはループ $a$ の逆元 $a^{-1}$）、さらに④から穴をさっきとは逆回りに回って点 Q に戻る（このループはループ $b$ の逆元 $b^{-1}$）、そういうループです。

ところで、被覆空間 $X'$ でのループ（$P_{11} \to P_{21} \to P_{22} \to P_{12} \to P_{11}$）は、$X'$ 上では明らかに回収して 1 点に縮めることができるので（$f$ が連続写像であることから）、トーラス面上の影のほうも 1 点に回収できなくてはなりません。実際、図 8-14 の右図をじっくりと眺めれば、ループが 1 点に縮められることが想像できる方もおられるでしょう。このことから、トーラス面上での異なる 2 種類のループ $a$ と $b$ について、$b^{-1} \bigcirc a^{-1} \bigcirc b \bigcirc a$ が単位元 $e$ となることがわかります。すなわち、$b^{-1} \bigcirc a^{-1} \bigcirc b \bigcirc a = e$、です。この式に、左から $b$ を演算し、次に、左から $a$ を演算すれば、$b \bigcirc a = a \bigcirc b$ ということがわかります。これは、

トーラス面上の基本群の異なる二つの元 $a$ と $b$ が演算に関して交換可能であることを意味します。トーラス面上の基本群 $\pi_1(X, O)$ は可換群だということです。

すると、トーラス上のループで $b \bigcirc a \bigcirc b \bigcirc a \bigcirc b$ のように、側面、穴、側面、穴、側面のように回るループも、結局 $(b \bigcirc b \bigcirc b) \bigcirc (a \bigcirc a)$ のようなループと同一であり、「ループ $a$ を2回のあとにループ $b$ を3回」のような単純なループに変形できることがわかります。したがって、このようなループを $(2, 3)$ のような整数座標に対応させれば、**トーラス面上の基本群 $\pi_1(X, O)$ は結局、整数座標の加法群と同型である**ことが理解できるでしょう。

# 被覆空間の基本群は元の空間の基本群の部分群になる！

被覆空間の基本群は、実は、もっとめざましい働きをします。実は、被覆空間の基本群 $\pi_1(X', O')$ の影 $f(\pi_1(X', O'))$ は、空間 X 上の点 O を基点とするループの成す基本群 $\pi_1(X, O)$ の部分群の一つとなるのです。

具体例はこのあとお見せしますので、まず、形式的にこのことを確かめます。イメージがわかない人は、むしろ、この説明をスキップして、後の例を先に読んでしまうほうがいいかもしれません。

影 $f(\pi_1(X', O'))$ に属する二つのループ $a$ と $b$ を取ります。そして、ループ $a$ はループ $a'$ の影で、ループ $b$ はループ $b'$ の影としましょう。このとき、二つのループを接続して作られるループ

$b \bigcirc a$ がループ $b' \bigcirc a'$ の影となることは図をイメージすれば納得できます（図8-15）。ループ $a'$ をたどったあと $b'$ をたどるように進むとき、影は $a$ をたどったあと $b$ をたどるからです。

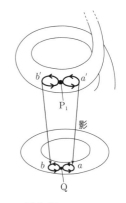

図8-15

また、基本群 $\pi_1(X', O')$ の単位元 $e'$ の影 $e$ が、影 $f(\pi_1(X', O'))$ の中の単位元の役割をすることもすぐにわかります。空間 $X'$ 上で点 $O'$ に縮んで回収できるようなループ $e'$ の影である $e$ は、（写像 $f$ が連続であることから）、空間 $X$ の中で点 $O$ に縮んで回収できてしまうからです。

また、$\pi_1(X', O')$ のループ $a'$ に対してループ $b'$ が逆元であるとするなら、$b'$ は $a'$ の逆回りのループですから、これらの影について、$b$ は $a$ の逆回りであることがわかり、逆元だと言えます。これで、影 $f(\pi_1(X', O'))$ が群を成すことが証明されました。これに属するループたちはみな、空間 X 上の点 O を基点とするループの成す基本群 $\pi_1(X, O)$ に属するループですから、明らかに影 $f(\pi_1(X', O'))$ は基本群 $\pi_1(X, O)$ の部分群となります。

それでは、具体例をお見せしましょう。前節の［例3］を例とします。

図8-16を見てください。被覆空間 $X'$ の点 $P_1$ を基点 $O'$ としましょう。基本群 $\pi_1(X', O')$ のループ $a'$ を図のようなものとします。ループ $a'$ はコピー1上の点 $O'(=P_1)$ を出発し、すぐにコピー2に入り、点 $P_2$ の近くを通過します。すると、その影で

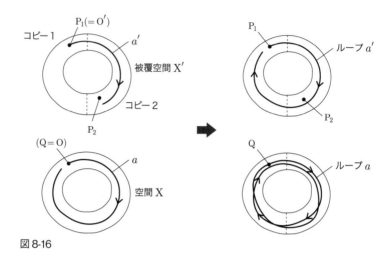

図 8-16

あるループ $a$ はオリジナルの空間 X 上の点 $O(=Q)$ を出発し、すでに 1 周を回って、出発点 $O(=Q)$ の近くを再び通っていることでしょう。そして、ループ $a'$ がコピー 1 の上に入り基点 $O'(=P_1)$ に戻ると、影 $a$ はオリジナルの空間 X をさらに 1 周して基点 $O(=Q)$ に戻ります。つまり、被覆空間 X′ でループ $a'$ が穴の周りを 1 周するとき、影 $a$ は空間 X の穴の周りを 2 周するわけです。

このことは、次のように一般化できます。つまり、基本群 $\pi_1(X', O')$ のループが穴の周りを $n$ 周回るものなら、その影は空間 X 上で穴の周りをその 2 倍である $2n$ 周同じ方向に回る、ということです。したがって、影の成す群 $f(\pi_1(X', O'))$ は、空間 X 上の点 O を基点とするループの成す群 $\pi_1(X, O)$ の中の偶数周回るループの成す部分群になる、というわけなのです。

群 $\pi_1(X, O)$ を整数の加法群 $Z$ と同一視するなら、その部分群 $f(\pi_1(X', O'))$ は、偶数（負数を含む）の成す加法群になります（95ページ参照）。

## 被覆空間にもガロアが降臨する

二つ前の節で明らかになったように、トーラス面の基本群は側面を1周するループ $a$ と穴を1周するループ $b$ の異なる二つのループから構成されました。そして、側面と穴を入り組んでぐるぐる回したループも、結局は、「側面を $n$ 周したあと穴を $m$ 周する」ようなループに変形することができることがわかりました。これを整数座標 $(n, m)$ と対応させれば、整数座標の加法群と同型になったわけです。他方で、トーラス面の被覆空間は平面を長方形で区切った図8-7の繰り返し模様でした。239ページで説明したように、このような図形のカーペット群は整数座標の加法群でした。つまり、トーラス面の基本群とその被覆空間を繰り返し模様と見たときのカーペット群は同一なのです。これは単なる偶然の一致でしょうか。

実は、これは偶然の一致ではなくいつも成り立つことなのです。つまり、**空間の基本群と被覆空間上の繰り返し模様のカーペット群は同一の群となる**、のです。このことを明確に定理として記述するには、「被覆変換」という新しい概念を導入しなければなりません。概念が次々と出てきて忙しいでしょうが、もう少しでガロア理論の織りなす次なるパラダイスに到着するので、がんばっ

て読みつないでください。

今、空間 $X'$ は写像 $f$ によって空間 $X$ を被覆しているとします。このとき、被覆空間 $X'$ の 2 点 $P_1$ と $P_2$ の影が同じになる場合、すなわち、$f(P_1) = f(P_2)$ の場合、「**$P_1$ と $P_2$ は共役である**」と呼ぶことにしましょう。この「共役」という言葉が、方程式の解から作った体のときに出てきた共役と類似したものであることは以下、すぐにわかります。

次に、被覆空間 $X'$ のすべての点をその点の共役点に移動させるような連続な上への変換 $\sigma$ を「**被覆変換**」と呼びます。ここで「連続な」というのは、「近い 2 点は近い 2 点に対応する」という意味で、「上への」というのは、40 ページで説明した「全射」のことで、$X'$ のどの点にもその点に対応する点がもれなくあることを意味しますが、気分的に理解していただくだけでかまいません。

要するに被覆変換というのは、被覆空間の点を移動させるもので、**影で見るとどの点も動いていないように見えるような変換**のことなのです。

**被覆変換が「つなぐ」ことを演算として群を成すことは**、本書をここまで読みこなしてきたみなさんならもう明白でしょう。被覆される空間 $X$ 上では不動であるような被覆空間 $X'$ での動きを「つなぐ」ことで群が生み出されることは、正方形を自分自身に重ねる変換が群を成すことと同じ理屈です。また、体の自己同型が群を成すこととも同じ理屈です。

例として、空間 $X$ をトーラス面として、その被覆空間 $X'$ を平面とし、被覆写像は図 8-13 で与えたものとしましょう。このと

きの被覆変換はどうなるでしょうか。このとき、被覆空間 X′（平面）の共役点は、図8-7 の繰り返し模様の対応する点のことです。したがって、被覆空間 X′（平面）の被覆変換の成す群、つまり点を共役点に移動させる変換の作る群とは、模様同士を重ねるような平行移動の作るカーペット群であることが判明します。

さて、このように被覆変換を定義できると以下のような画期的な定理が成り立ちます。

---

**普遍被覆空間のガロア理論**

空間 X′ は写像 $f$ によって空間 X を被覆し、X′ を普遍被覆空間（単連結な被覆空間）とする。このとき、X′ の被覆変換の群と X 上の基本群 $\pi_1(X, O)$ は同型である。

---

トーラス面についてこれが成り立つだろうことについては、すでに解説しました。もう一つの例として、5円玉の被覆空間である［例2］を取り上げましょう。図8-10 を再び眺めてください。被覆空間 X′（帯）の共役点は、図8-8 のような繰り返し模様となっています。ここで、5円玉の基本群が整数の成す加法群であることを思い出しましょう。他方、図8-8 の繰り返し模様のカーペット群も整数の加法群です。したがって、ここでもこの定理が成り立つことがはっきりしました。

ここでは証明は正確には述べませんが、次のように考えればだいたいわかるでしょう。図8-17 を見てください。被覆空間（繰り返し模様）の点 $P_1$ をその共役点である $P_3$ に移すような、つ

まり、2個先の模様に重ねるような被覆変換を考えましょう。そこで$P_1$を出て$P_3$まで行く道を作ります。この道の影を5円玉Xの上に落とせば、それは点Qを出発して、穴を2周するループになるでしょう。これは、被覆空間上でどの2個離れた模様の同一点である2点に対して行っても、いつも2周回るループになります。このように模様を重ね合わせる変換と5

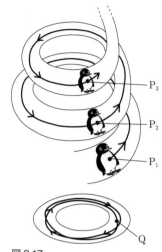

図8-17

円玉上のループを対応させることが可能であり、しかも、群の構造もそのまま対応する（同型である）ことがちょっと考えるとわかります。このことを精密に議論すれば、上記の定理を証明することが可能です。

　この定理は、実は、普遍被覆空間でないもうちょっと一般的な被覆空間に拡張することができます。それは、「**ガロア被覆**」という性質をもった被覆空間です。「ガロア被覆」というのは、被覆空間$X'$上の任意のループの共役がやはりループであるようなものをいいます。被覆空間$X'$によっては、ループの影とループでない曲線の影が$X$上で同一のループになってしまうことがあるので、すべての被覆空間がガロア被覆というわけではありません。普遍被覆空間$X'$は、$X'$のループは1点に縮むものしかないので、必ずガロア被覆です。以下の定理が、「普遍被覆空間のガ

ロア理論」定理の一般化となります。

---

**ガロア被覆空間のガロア理論**

空間 $X'$ を写像 $f$ による空間 $X$ への被覆であり、ガロア被覆とする。$f(O')=O$ のとき、

(i) 群 $f(\pi_1(X', O'))$ は基本群 $\pi_1(X, O)$ の正規部分群である。

(ii) この被覆の被覆変換の成す群は、基本群 $\pi_1(X, O)$ の正規部分群 $f(\pi_1(X', O'))$ による右剰余類の成す群と同型である。

---

ちなみに、$X'$ を $X$ の普遍被覆空間とすれば、群 $f(\pi_1(X', O'))$ は単位元だけからなる $\{e\}$ という群となるので、この定理はさきほどの定理と一致してしまいます。

この定理についても具体例を見るだけにしましょう。今度は、[例3] を使います。この [例3] はガロア被覆です（各自、確認してください）。

図8-16で解説したように、被覆空間 $X'$ の穴の周りを1周回るループの影は、空間 $X$ では穴の周りの2周回るループになります。したがって、影である部分群 $f(\pi_1(X', O'))$ を部分群 $H$ と記すことにすると、これは穴の周りを右回りまたは、左回りに偶数周回るようなループの成す群です。基本群 $\pi_1(X, O)$ は（整数の加法群と同型だから）可換群なのですべての部分群は正規部分群となりますから、この部分群 $H$ も正規部分群です。では、この正規部分群での右剰余類はどうなるかというと、単位元 $e$ を代

表とする $eH$ と穴の周りを1周回るループ $a$ に関する $aH$ の二つになります。とくに、$aH \bigcirc aH = eH$ となるので、2個の元から成る巡回群です。

次に図8-18を見てみましょう。被覆空間 $X'$ の被覆変換は、明らかに次の二つから成ります。すなわち、第一は各点を動かさない恒等変換 $e$。第二は、コピー1の各点をコピー2の同じ点（共役点）に移動し、コピー2の各点をコピー1の同じ点（共役点）に移動する変換 $\sigma$ です（別の言い方をするなら、点対称操作の変換です）。この $\sigma$ については、$\sigma \bigcirc \sigma = e$ となるのは自明でしょう。したがって、影の部分群 H による右剰余類の成す群は、空間 $X'$ の被覆変換の成す群と同じ群になりました。これで、(i)(ii) が確かめられたわけです。この定理の一般的な証明は、そう難しくありませんが割愛します。

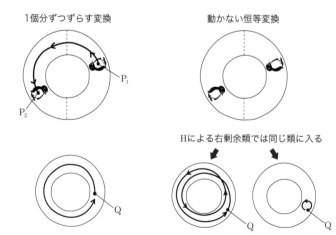

図8-18

# 微分方程式のガロア理論

　以上で被覆空間とそのガロア理論の解説を終えますが、最後にこれらの定理が他に何の役に立つのかをお話しておこうと思います。

　実は、いわゆる「**微分方程式のガロア理論**」に発展させることが可能なのです。最初のガロア理論は、$n$ 次方程式が四則計算とべき根で解けるための判定条件としてガロアが発見しました。今度はこれが、「微分方程式」と呼ばれる方程式について拡張されたのです。微分方程式とは、微分式で定義され、それを満たす関数を探すような方程式のことです。例えば、

$$\frac{d^2y}{dx^2} = y$$

のように記述されます（これは、2回微分すると自分自身であるような関数を求めよ、という意味です）。

　微分方程式の解は一般に「複数の関数」なのですが、解である関数たちが、いくつかの基礎関数の「四則計算」「微分」「不定積分」「$exp$ をとる操作」によって表現できる条件をガロア理論によって与えることができることが明らかにされました。

　このように、「$n$ 次方程式の解の公式」に対するガロア理論は、「微分方程式の解の公式」に関するガロア理論にまで進化しました。このことは、もっともっと広い数学的な対象に対してもまだ

まだ拡張されていくことでしょう。19世紀に生きた一人の無軌道な若者の頭に宿った斬新な数学は、彼がたったの20歳で愚かな死に方をしたあとも、何世紀にもわたって、数学者たちに新しい定理を与え続けているのです。こんな朽ちない献花をもらった早世の天才が他にいたでしょうか。

補足章

この補足章では、本文中で省略した補助定理の証明を解説します。ただし、あまりに厳密さを追求しすぎると、数学を専門的に勉強したことのない読者を遠ざけてしまうので、「かなり厳密」ではあるが「完全ではない」略証を紹介することにします。「完全な」証明を欲する人は、証明を引っ張ってきた教科書（証明の冒頭で紹介）を参照してください。

---
**（補助定理 1）**

　有理係数の $n$ 次方程式のすべての解を有理数に加えた体はガロア拡大である。

---

　この定理は、本書で扱ってきた体「方程式の解すべてを有理数体に加えた拡大体」が、201〜202 ページで「ガロア拡大」と呼んだ体と同じものであることを示す定理です。前者の体は、方程式の解を有理数に加えて、四則計算で飽和するまで膨らませた体です。これをガロア理論では「正規拡大体」と呼んでいます。他方、後者は、その体の有理数体上の自己同型すべてで不変になる要素が有理数だけであるような体のことです。したがって、（有理数体上の）正規拡大体はガロア拡大体である、ということを主張しています。ガロア拡大体は、自己同型写像を使って定義されますが、正規拡大はそうではありません。これが一致するのは非常に不思議なことで、これを発見したガロアの天才性が浮き立つのです。すこしだけ省略のある証明ですが、その巧みさをご堪能ください。

\*［補助定理 1］の略証（中島 [2] より）

　証明の都合から一般性をもって、体 K を体 F 係数の $n$ 次多項式 $f(x)$ のすべての解を体 F に加えて作った拡大体として証明します。体 F を特に有理数体 Q とすれば、補助定理 1 となります。次数 $n$ に関する数学的帰納法を使います。

　まず、$n=1$ の場合、$f(x)$ は F 係数の 1 次多項式ですから、解は体 F の要素です。したがって、体 K は体 F そのものとなります。すると、体 F 上の自己同型は恒等写像（どの数も不変にする写像）しかありません。したがって、定理は自動的に成り立ちます。

　次に、$n=k$ の場合のとき成り立つことを仮定して（帰納法の仮定）、$n=k+1$ の場合を証明します。体 K の F 上の自己同型の作る群を G とします。このとき、G に属する F 上の自己同型すべてで不変となる体 K の要素が体 F の要素のみであることを証明することになります。

　そこで、$(k+1)$ 次多項式 $f(x)$ の解を任意に 1 つとって、それを $\alpha_1$ とします（これは体 K の要素）。多項式 $f(x)$ は 1 次式 $x-\alpha_1$ で多項式として割り切れますから、その商を $f_1(x)$ とします。割り算の作業を考えれば、（あるいは、$f(x)=(x-\alpha_1)f_1(x)$ から係数を順次考えていけば）、$f_1(x)$ の係数は体 F に $\alpha_1$ を加えた拡大体 $F(\alpha_1)$ の要素とわかります。多項式 $f_1(x)$ は $k$ 次多項式です。そして、多項式 $f_1(x)$ の解（これは $f(x)$ の解たちから $\alpha_1$ だけ取り除いたもの）すべてを体 $F(\alpha_1)$ に加えた体が体 K です。したがって、帰納法の仮定から体 K は体 $F(\alpha_1)$ 上のガロア

拡大体となります。

　体Kが体$F(\alpha_1)$上のガロア拡大体ということから、体Kの$F(\alpha_1)$上の自己同型の作る群をHとすれば、群Hの要素すべてで不変となる体Kの要素は体$F(\alpha_1)$の要素だけ、ということがわかります。ここで、群Hは群Gの部分群ですから、Gの自己同型すべてで不変な体Kの要素の集合K(G)の要素は、群Hの要素すべてで不変ですから、K(G)$\subseteq F(\alpha_1)$が成り立ちます。

　さて、証明したいことは、K(G)=Fですが、今得られた包含関係K(G)$\subseteq F(\alpha_1)$を利用してそれを示します。つまり、K(G)の任意の要素$\beta$がFに属することを示すわけです。

　体$F(\alpha_1)$の体F上のベクトル空間の次元を$m$とすれば、要素$\beta$は$F(\alpha_1)$に属するので、

$$\beta = c_0 + c_1\alpha_1 + c_2\alpha_1^2 + \cdots + c_{m-1}\alpha_1^{m-1}$$

と表すことができます（197ページなど参照）。ここで、係数はすべて体Fの要素です。このとき、これらの係数を利用して、多項式

$$g(x) = c_0 + c_1 x + c_2 x^2 + \cdots + c_{m-1} x^{m-1}$$

を作ります。もちろん、$g(\alpha_1) = \beta$です。実は、最終的に、この多項式の定数項$c_0$が要素$\beta$と一致することがわかり、$\beta = c_0 \in F$が示されるのです。手続きは以下のようになります。

$\alpha_1$ の体 F 上の共役元を $\alpha_1$, $\alpha_2$, $\alpha_3$, …, $\alpha_m$ とします（具体的には、$\alpha_1$ を解とする F 係数の最小次数の多項式が $m$ 次式で、その解全部を並べたもの）。このとき、各 $\alpha_i$ に対し、群 G に属する自己同型 $\sigma$ で、$\sigma(\alpha_1) = \alpha_i$ を実現するものが存在します（ここに少し飛躍がありますが、方程式の解というのが代数的には見分けがつかないことから、なんとなくわかるでしょう）。

　今、$g(\alpha_1) = \beta$ であることから、$\sigma(\beta) = \sigma(g(\alpha_1))$ が成り立ちます。ここで、$\sigma$ が四則を保存し、F の要素を不変にすることから、$\sigma$ を多項式の中に入れてしまうことが可能で、

$$\sigma(\beta) = g(\sigma(\alpha_1)) = g(\alpha_i)$$

となります。$\beta$ が K(G) の任意の要素、すなわち、G に属する自己同型で不変であったことを思い出すと $\sigma(\beta) = \beta$ とわかり、$g(\alpha_i) = \beta$ が得られます。$(m-1)$ 次多項式 $g(x)$ が異なる $m$ 個の数 $\alpha_1$, $\alpha_2$, $\alpha_3$, …, $\alpha_m$ に対して同じ数 $\beta$ を算出するので、この多項式は定数 $\beta$ そのものでないとなりません（$(m-1)$ 次多項式 $g(x) - \beta$ が $m$ 個の数で 0 になるので、多項式 $g(x) - \beta$ そのものが 0 と一致する）。すなわち、$g(x) = c_0 = \beta$ ということです。これで、$\beta$ が F の要素と示されました。

（証明終わり）

---(補助定理2 デデキントの定理)---

体Kは体Fの拡大体で拡大次数$[K:F]=n$とする。体Lを体Fの任意の拡大体とするとき、体Kから体LへのF上の準同型写像（四則を保存し、体Fの数を不変にする）は$n$個以下である。

---

この補助定理は、デデキントという数学者が与えたものです。デデキントは、カントールと一緒に集合論を創り上げた数学者で、他にも当時には難解だった数学概念をすっきりわかりやすくした功績があります。この定理の証明は、ベクトル空間の基底による表現の一意性、群の要素が積について閉じていること、連立方程式の式数と文字数の関係、の3つが本質的な働きをします。

＊[補助定理2の略証]（黒川[4]より）

まず、次の性質を証明します。すなわち、体Kから体Lへ$m$個の相違なる準同型（四則を保存し、1と0を不変にする写像）

$$\sigma_1, \sigma_2, \cdots, \sigma_m$$

と、体Lの$m$個の要素$c_1, c_2, \cdots, c_m$に関して、

$$c_1\sigma_1(a) + c_2\sigma_2(a) + \cdots + c_m\sigma_m(a) = 0$$

がすべての体Kの要素$a$について成立するならば、$c_1 = c_2 = \cdots$

$=c_m=0$ でなければならないという性質です。

これは、個数 $m$ に関する数学的帰納法を用います。

$m=1$ のときは、$\sigma_1(1)=1$ から明らかです。次に、$m-1$ の場合を前提（帰納法の仮定）として $m$ の場合を示すのですが、わかりやすさを優先して、$m=2$ を前提に $m=3$ の場合を示しましょう。今、

$$c_1\sigma_1(a)+c_2\sigma_2(a)+c_3\sigma_3(a)=0 \quad \cdots ①$$

がすべての体 K の要素 $a$ について成立するとします。

$\sigma_1$ と $\sigma_3$ が異なる写像であることから、体 K のある要素 $b$ に対して、$\sigma_1(b) \neq \sigma_3(b)$ となります。

この $b$ を $a$ に乗じた数を①に代入して、

$$c_1\sigma_1(ba)+c_2\sigma_2(ba)+c_3\sigma_3(ba)=0$$

を作ります。掛け算の保存から、

$$c_1\sigma_1(b)\sigma_1(a)+c_2\sigma_2(b)\sigma_2(a)+c_3\sigma_3(b)\sigma_3(a)=0 \quad \cdots ②$$

一方、①に $\sigma_3(b)$ を掛けると、

$$c_1\sigma_3(b)\sigma_1(a)+c_2\sigma_3(b)\sigma_2(a)+c_3\sigma_3(b)\sigma_3(a)=0 \quad \cdots ③$$

②から③を引き算すると、

$$c_1(\sigma_1(b) - \sigma_3(b))\sigma_1(a) + c_2(\sigma_2(b) - \sigma_3(b))\sigma_2(a) = 0$$

これは $m=2$ の場合にあたるので、帰納法の仮定から、$c_1(\sigma_1(b) - \sigma_3(b)) = 0$。$\sigma_1(b) \neq \sigma_3(b)$ だったことから、$c_1 = 0$ がわかります。すると、①式が $m=2$ の場合に帰着されるので、主張が証明されました。

これを利用して、補助定理2の証明にとりかかります。今度は背理法を使います。今度もわかりやすさを優先し、体Kは体Fの拡大体で拡大次数 $[K:F]=3$ とし、体Kから体Lへの準同型写像は4個あるとして矛盾を導きましょう（一般化は簡単）。4個の体F上の準同型写像を $\sigma_1, \sigma_2, \sigma_3, \sigma_4$ とします。また、体Kの体F上の基底を $\omega_1, \omega_2, \omega_3$ とします。その上で、4個の変数 $x_1, x_2, x_3, x_4$ を使って4元3連立方程式を次のように立式します。

$$\sigma_1(\omega_1)x_1 + \sigma_2(\omega_1)x_2 + \sigma_3(\omega_1)x_3 + \sigma_4(\omega_1)x_4 = 0$$
$$\sigma_1(\omega_2)x_1 + \sigma_2(\omega_2)x_2 + \sigma_3(\omega_2)x_3 + \sigma_4(\omega_2)x_4 = 0$$
$$\sigma_1(\omega_3)x_1 + \sigma_2(\omega_3)x_2 + \sigma_3(\omega_3)x_3 + \sigma_4(\omega_3)x_4 = 0$$

この連立方程式は、もちろん、$x_1 = x_2 = x_3 = x_4 = 0$ という自明な解を持ちますが、式の本数より変数の個数の方が多いので、自明な解とは異なる解を持ちます（厳密には線形代数で証明しますが、中学数学の経験から直感的にわかる）。それを、$c_1, c_2, c_3, c_4$ とします（少なくとも1つは 0 ではない）。これを代入すると、

$$c_1\sigma_1(\omega_1) + c_2\sigma_2(\omega_1) + c_3\sigma_3(\omega_1) + c_4\sigma_4(\omega_1) = 0$$
$$c_1\sigma_1(\omega_2) + c_2\sigma_2(\omega_2) + c_3\sigma_3(\omega_2) + c_4\sigma_4(\omega_2) = 0$$
$$c_1\sigma_1(\omega_3) + c_2\sigma_2(\omega_3) + c_3\sigma_3(\omega_3) + c_4\sigma_4(\omega_3) = 0$$

ここで、任意の体Kの要素 $a$ は、基底 $\omega_1$, $\omega_2$, $\omega_3$ を使って、体Fの要素 $a_1$, $a_2$, $a_3$ を係数に $a = a_1\omega_1 + a_2\omega_2 + a_3\omega_3$ と表すことができます。そこで、第1式、第2式、第3式に順に $a_1$, $a_2$, $a_3$ を掛けます。体F上の準同型の性質（Fの数を不変にする）から、

$$c_1\sigma_1(a_1\omega_1) + c_2\sigma_2(a_1\omega_1) + c_3\sigma_3(a_1\omega_1) + c_4\sigma_4(a_1\omega_1) = 0$$
$$c_1\sigma_1(a_2\omega_2) + c_2\sigma_2(a_2\omega_2) + c_3\sigma_3(a_2\omega_2) + c_4\sigma_4(a_2\omega_2) = 0$$
$$c_1\sigma_1(a_3\omega_3) + c_2\sigma_2(a_3\omega_3) + c_3\sigma_3(a_3\omega_3) + c_4\sigma_4(a_3\omega_3) = 0$$

これらを足し合わせ、準同型が四則を保存することを利用すれば、

$$c_1\sigma_1(a) + c_2\sigma_2(a) + c_3\sigma_3(a) + c_4\sigma_4(a) = 0$$

すると、$a$ が任意であったことより、先ほど示した性質から、$c_1 = c_2 = c_3 = c_4 = 0$ となり、矛盾が生じます。したがって、準同型が4個（以上）あることは不可能とわかります。

（証明終わり）

---(補助定理3　アルティンの定理)---

体 K は体 F の拡大体で、K の F 上の自己同型の作る群を G とする。このとき、次の2つの条件は同値である。

($a$) K は F のガロア拡大である。

($b$) G の部分群 $G_1$ で、$G_1$ による K の固定体が F となるものが存在する。

さらに、このとき、$G = G_1$ であり、$[K:F] =$ (G の要素数) となる。

ガロア拡大体とは、「K の F 上の自己同型の作る群 G 全体で不変になる要素」が F の要素のみ、という定義でした。しかし、この補助定理が述べているのは、「G 全体」でなくその部分群 $G_1$ について成り立つことを調べるだけでガロア拡大体とわかる、ということです。それを調べれば、結局 $G = G_1$ もわかり、さらには、拡大次数が G の要素数と一致することもわかる、というわけです。

* [補助定理3] の略証（黒川 [4] より）

まず、($a$) から ($b$) は $G = G_1$ とすれば、明らかです。したがって、($b$) を仮定して ($a$) を証明します。$G_1$ による K の固定体が F ですが、$G_1$ は G の部分群ですから、G による K の固定体は $G_1$ による K の固定体に包含されます。したがって、体 F の部分集合です。もちろん、G による K の固定体は F を包含していますから、G による K の固定体は F そのものとなります。こ

れで $(a)$ が示されました。

次にこの群 $G_1$ に対して、($G_1$ の要素数) $= [K:F]$ であることを証明します。($G_1$ の要素数) $= m$ と置きます。$G_1$ の要素は K の F 上の自己同型ですから、補助定理 2 から、$m \leq [K:F]$ がわかります。したがって、逆の不等式 $[K:F] \leq m$ を証明すればよい。そのために、K の任意の $m+1$ 個の要素 $a_1, a_2, \cdots a_m, a_{m+1}$ が F 上 1 次従属であることを証明します。もし、これが証明できれば、K の F 上の基底が $m$ 個以下とわかるからです。わかりやすさを優先するため、$m=3$ として記述します（一般化は簡単）。

今、$G_1 = \{\sigma_1, \sigma_2, \sigma_3\}$ として、4 個の変数を持つ 4 元 3 連立方程式を次のように作ります。

$$\sigma_1^{-1}(a_1)x_1 + \sigma_1^{-1}(a_2)x_2 + \sigma_1^{-1}(a_3)x_3 + \sigma_1^{-1}(a_4)x_4 = 0$$
$$\sigma_2^{-1}(a_1)x_1 + \sigma_2^{-1}(a_2)x_2 + \sigma_2^{-1}(a_3)x_3 + \sigma_2^{-1}(a_4)x_4 = 0$$
$$\sigma_3^{-1}(a_1)x_1 + \sigma_3^{-1}(a_2)x_2 + \sigma_3^{-1}(a_3)x_3 + \sigma_3^{-1}(a_4)x_4 = 0$$

変数のほうが式数より多いので、（補助定理 2 と同じく）、これには自明でない解が存在します。それを、$c_1, c_2, c_3, c_4$ とします（少なくとも 1 つは 0 ではない）。

$$\sigma_1^{-1}(a_1)c_1 + \sigma_1^{-1}(a_2)c_2 + \sigma_1^{-1}(a_3)c_3 + \sigma_1^{-1}(a_4)c_4 = 0 \quad \cdots ①$$
$$\sigma_2^{-1}(a_1)c_1 + \sigma_2^{-1}(a_2)c_2 + \sigma_2^{-1}(a_3)c_3 + \sigma_2^{-1}(a_4)c_4 = 0 \quad \cdots ②$$
$$\sigma_3^{-1}(a_1)c_1 + \sigma_3^{-1}(a_2)c_2 + \sigma_3^{-1}(a_3)c_3 + \sigma_3^{-1}(a_4)c_4 = 0 \quad \cdots ③$$

最初の式に $\sigma_1$ を、二番目に $\sigma_2$ を、三番目に $\sigma_3$ を作用させると、

$$a_1\sigma_1(c_1) + a_2\sigma_1(c_2) + a_3\sigma_1(c_3) + a_4\sigma_1(c_4) = 0$$
$$a_1\sigma_2(c_1) + a_2\sigma_2(c_2) + a_3\sigma_2(c_3) + a_4\sigma_2(c_4) = 0$$
$$a_1\sigma_3(c_1) + a_2\sigma_3(c_2) + a_3\sigma_3(c_3) + a_4\sigma_3(c_4) = 0$$

この3つの等式を辺々加え合わせ、$\mathrm{T}(c) = \sigma_1(c) + \sigma_2(c) + \sigma_3(c)$ という関数を用いると、

$$a_1\mathrm{T}(c_1) + a_2\mathrm{T}(c_2) + a_3\mathrm{T}(c_3) + a_4\mathrm{T}(c_4) = 0$$

が成り立つことがわかります。ここで、$\mathrm{T}(c_1)$, $\mathrm{T}(c_2)$, $\mathrm{T}(c_3)$, $\mathrm{T}(c_4)$ のどれかが0でないことを言えば、$a_1$, $a_2$, $a_3$, $a_4$ が1次従属（基底でない）ということがわかります。

第一に、$\mathrm{T}(c) = \sigma_1(c) + \sigma_2(c) + \sigma_3(c)$ は任意のKの要素 $c$ に対してFの要素になります。なぜなら、$\mathrm{G}_1 = \{\sigma_1, \sigma_2, \sigma_3\}$ の自己同型 $\sigma_i$ に対して、足し算の保存から、

$$\sigma_i(\mathrm{T}(c)) = \sigma_i(\sigma_1(c) + \sigma_2(c) + \sigma_3(c)) = \sigma_i\sigma_1(c) + \sigma_i\sigma_2(c) + \sigma_i\sigma_3(c)$$

となります。群の性質から、$\{\sigma_i\sigma_1, \sigma_i\sigma_2, \sigma_i\sigma_3\} = \{\sigma_1, \sigma_2, \sigma_3\}$ となるので、$\sigma_i(\mathrm{T}(c)) = \mathrm{T}(c)$ です。$\mathrm{G}_1$ の固定体をFと仮定しているので、$\mathrm{T}(c)$ はFの要素です。

第二に、$\mathrm{T}(c) \neq 0$ となるKの要素 $c$ が存在します。そうでな

いと、

$$1 \times \sigma_1(c) + 1 \times \sigma_2(c) + 1 \times \sigma_3(c)$$

が補助定理2の前半部の性質に反してしまうからです。

そこで、$c_1, c_2, c_3, c_4$ には0でないものが存在するので、それを仮に $c_1$ とします（他でも同じにできます）。①、②、③式それぞれの両辺に $\dfrac{c}{c_1}$ を掛けても同じ議論が成立することに注意します。すると、

$$a_1 \mathrm{T}(c) + a_2 \mathrm{T}(\frac{cc_2}{c_1}) + a_3 \mathrm{T}(\frac{cc_3}{c_1}) + a_4 \mathrm{T}(\frac{cc_4}{c_1}) = 0$$

が得られ、$\mathrm{T}(c) \neq 0$ なので（$\mathrm{G}_1$ の要素数）＝[K:F] の証明が完成します。

最後に、$\mathrm{G} = \mathrm{G}_1$ を証明しましょう。

補助定理2から、自己同型の群Gの要素数は[K:F]以下です。$\mathrm{G}_1$ の要素数は当然、群Gの要素数以下ですが、これが[K:F]と一致しているとわかったのだから、（Gの要素数）＝（$\mathrm{G}_1$ の要素数）がわかり、$\mathrm{G} = \mathrm{G}_1$ が示されます。　　　　　　**（証明終わり）**

---

**（補助定理4　コーシーの定理）**

素数 $p$ が有限群Gの要素数を割り切るとき、群Gには位数 $p$ の要素（$p$ 回合成すると初めて単位元 $e$ になる要素、すなわち $g^p = e$ なる $g$）が存在する。

四則とべき根で解けない5次方程式を具体的に与えるには、基本的にこのような群論特有の定理が必要です。有限群にどのような部分群が存在するかについて、いくつか有名な定理があります（例えば、シローの定理など）が、この定理は中でも比較的証明がわかりやすいものです。

*[補助定理4の略証]（スチュアート[3]より）
　順を追って、ステップ別に証明します。

**ステップ1**：可換群については成り立つ。群Gを「+」を演算に持ち、単位元を0とする可換群（すべての要素について交換法則が成り立つ群）とします。（記号+を使うのはわかりやすさのためです）。群Gの要素数$n$に関する数学的帰納法で証明します。$n=1, 2, \cdots, p-1$のときは$p$で割り切れないので自動的に成り立つ。$n=p$のときは巡回群だから成り立つ。以下、$n=k$以下では証明されていると仮定し（帰納法の仮定）、$n=k+1$の場合に証明します。

　群Gの部分群でGとは異なるものの中で、要素数が最大である部分群を任意に選びMとします。Mの要素数を$m$とします。当然、$m \leq k$となります。素数$p$が$m$を割り切るなら、帰納法の仮定からMに位数$p$の要素が存在します。これは要求されている要素です。したがって、素数$p$が$m$を割り切らないとして証明を続けます。

　群Gの要素$b$で部分群Mに属さないものを選び、$b$の合成で巡

回群 B を作ります（+ を演算記号に使う場合、B = {0, $b$, $2b$, …} と記される）。このとき、M+B は M より大きい G の部分群だから、仮定から M+B=G とならなければなりません。

そこで M+B の要素数を分析してみます。M+B の要素を $m+b$ という形式で表すことにします（ただし、$m \in$ M, $b \in$ B）。このように記すと、記号の上ではこのような和は（M の要素数）×（B の要素数）だけありますが、もちろん、群 G の要素としては一致することがあります。このとき、見た目の異なる2つの要素が一致し、$m_1+b_1=m_2+b_2$ となるなら、$m_1-m_2=b_2-b_1$ です。ここで、左辺は M の要素、右辺は B の要素なので、両辺ともに共通部分の群 M∩B の要素になります。元の群が可換群なので、群 M∩B は正規部分群になりますから、群 M∩B による剰余類は群となります。すると、

(G の要素数)=(M の要素数)×(B の要素数)÷(M∩B の要素数)

となります。(G の要素数) が $p$ の倍数で、(M の要素数) は違うので、(B の要素数) が $p$ の倍数でなければなりません。B は巡回群（倍数の集合）なので、位数 $p$ の要素が存在します（全体を $p$ 個のブロックに区切って、最初のブロックの最後の要素をとればいい）。　　　　　　　　　　　　　　**(ステップ1終わり)**

次からの2ステップは、可換でない一般の群の中に、どの程度の可換性が見つかるかについてを分析するもので、補助定理4

の証明をステップ1に帰着させるためのものです。

**ステップ2**：群Gの中心Z(G)を定義する。

群Gの要素$f$で、すべての群Gの要素$g$と交換可能である（$f \bigcirc g = g \bigcirc f$となる）$f$の集合をZ(G)と記し、群Gの中心と呼びます。群Gの中心Z(G)は、群Gの正規部分群となります。

なぜなら、$f_1, f_2 \in$ Z(G)なら、$f_1 \bigcirc f_2 \bigcirc g = f_1 \bigcirc g \bigcirc f_2 = g \bigcirc f_1 \bigcirc f_2$が成り立ち、$f_1 \bigcirc f_2 \in$ Z(G)。

$f \bigcirc g = g \bigcirc f$から、$f^{-1} \bigcirc g = g \bigcirc f^{-1}$より、$f^{-1} \in$ Z(G)などです。また、$g$Z(G)$g^{-1}$＝Z(G)も簡単です。

**ステップ3**：群Gの要素に共役を定義して、共役類で類別する（112ページの剰余類に対する共役とは意味が異なるので注意すること）。

群Gの要素$f, g$が、要素$h$によって、$g = h^{-1} \bigcirc f \bigcirc h$と表せるとき、「$f$と$g$は共役」と言います。$f$と共役な要素の集合を「$f$の共役類」と呼びます。単位元$e$と共役な要素は$e$のみなので、$e$の共役類は$C_1 = \{e\}$です。$e$以外の要素$f$の共役類を$C_2$とし、$C_1$にも$C_2$にも属さない要素の共役類を$C_3$とし、順次共役類を作っていくと、群Gが重なりのない共役類に分割できます（重なりがあるなら、一致することが簡単に示せます）。このことから、

（Gの要素数）＝1＋（$C_2$の要素数）＋（$C_3$の要素数）＋…

という等式が得られます。これは「類等式」と呼びます。

**ステップ4**：群Gの要素$f$の中心化群$\mathrm{C}_G(f)$を定義し、それと$f$の共役類とを関係づける。

群Gの要素$f$と可換となる要素$g$は部分群を作ります（簡単なので各自確かめてください）。これを「$f$の中心化群」と呼び、$\mathrm{C}_G(f)$と記します。

部分群$\mathrm{C}_G(f)$での群Gの右剰余類を考えましょう。$g_1$と$g_2$が同じ右剰余類に属するということは、$g_1\mathrm{C}_G(f)=g_2\mathrm{C}_G(f)$ということで、それは$g_2^{-1}\bigcirc g_1$が$\mathrm{C}_G(f)$に属することです。これは、$g_2^{-1}\bigcirc g_1\bigcirc f=f\bigcirc g_2^{-1}\bigcirc g_1$であることを意味するので、$g_1\bigcirc f\bigcirc g_1^{-1}=g_2\bigcirc f\bigcirc g_2^{-1}$と同値です。したがって、「$g_1$と$g_2$が$\mathrm{C}_G(f)$の同じ右剰余類に属する」ことと「$g_1$と$g_2$で$f$の共役を作るときに同じ要素ができる」ことが同値です。したがって、$\mathrm{C}_G(f)$の右剰余類のすべての要素から同じ$f$の共役元が作られます。このことから、

（$f$の共役類の要素の数）＝（Gの要素数）÷（$\mathrm{C}_G(f)$の要素数）

となります。

**ステップ5**：いよいよ、コーシーの定理を証明する。

群Gを一般の有限群とし、要素数が素数$p$で割り切れるとします。群Gの要素数$n$に関する数学的帰納法で証明します。

$n=1, 2, \cdots, p-1$ のときは $p$ で割り切れないので自動的に成り立つ。

$n=p$ のときは巡回群だから成り立つ。以下、$n=k$ 以下では証明されていると仮定し（帰納法の仮定）、$n=k+1$ の場合に証明します。類等式

$$(\text{G の要素数})=1+(\text{C}_2 \text{ の要素数})+(\text{C}_3 \text{ の要素数})+\cdots$$

から、右辺の（$\text{C}_2$ の要素数）、（$\text{C}_3$ の要素数）、…、には少なくとも 1 つ、$p$ で割り切れないものが存在することがわかります。なぜなら、すべてが $p$ で割り切れると、右辺は $1+(p$ の倍数$)$ となって矛盾するからです。今、（$\text{C}_2$ の要素数）が $p$ で割り切れないとしましょう。共役類 $\text{C}_2$ が要素 $f$ の共役元を集めたものとすると、ステップ 4 から

$$(\text{C}_2 \text{ の要素数})=(f \text{ の共役類の要素の数})$$
$$=(\text{G の要素数}) \div (\text{C}_\text{G}(f) \text{ の要素数})$$

であり、左辺が $p$ で割り切れず、右辺の (G の要素数) が $p$ で割り切れるのですから、($\text{C}_\text{G}(f)$ の要素数) が $p$ で割り切れるとわかります。

中心化群 $\text{C}_\text{G}(f)$ が $G$ 全体と一致しないなら、帰納法の仮定によって、定理は証明されます。したがって、以降、$\text{C}_\text{G}(f)=G$ として話を進めます。単位元でない $f$ の中心化群が全体と一致する、

ということは $f$ はすべての G の要素と可換となる単位元以外の要素です。すなわち、中心 $Z(G)$ の要素です。$Z(G) \neq \{e\}$ とわかります。可換群 $Z(G)$ の要素数が $p$ で割り切れる場合、ステップ 1 に帰着され、証明が終わります。したがって、中心 $Z(G)$ の要素数が $p$ で割り切れない場合を考えます。中心 $Z(G)$ は正規部分群ですから、G の $Z(G)$ による右剰余類は群を成します。その要素数である、

$$(\text{G の要素数}) \div (Z(G) \text{ の要素数})$$

は $p$ で割り切れます。ここで再び帰納法の仮定を使えば、右剰余類の作る群に位数 $p$ の要素 $h$ が存在します。$h^p$ は右剰余類の作る群の単位元ですから、$h^p$ は $Z(G)$ の要素となります。$h$ から生成される巡回群を H とし、群 $HZ(G)$ を作ると、これは可換群で、要素数が $p$ で割り切れるので、ステップ 1 から位数 $p$ の要素を持ちます。以上によって、群 G に位数 $p$ の要素が存在することが証明されました。

**（補助定理 4 の証明終わり）**

---
**（補助定理 5）**

$S_5$ の $\{e\}$ でない正規部分群で可換群であるものはない。

---

この定理は、具体的な 5 次方程式が四則とべき根で解けないことを示すのに使います。そのために、その 5 次方程式のすべての

解を有理数体に加えて拡大した拡大体（正規拡大体＝ガロア拡大体）にガロア系列がないことを示すわけです。この補助定理5が、「ガロア系列が存在しないこと」の証明にあたります。

＊[補助定理5の証明]（辻 [5] より）

5次対称群 $S_5$ の要素は、5個の解の並び替えを行う操作の群（5本縦線のあるあみだくじの群）です。例えば、$(1, 2, 3, 4, 5) \to (3, 4, 5, 2, 1)$ のようなものです。この操作は、「1は3に、2は4に、3は5に、4は2に、5は1に変換する」ものです。このような操作は必ず、「循環する部分」に分解することができます。今の例については、次のようにすれば分解できます。まず、1からスタートし、1は3に変換されます。次に3の変換先を求めると5になります。次に5の変換先を求めると1になり、スタートに戻ります。

この循環を記号で (135) と記します。このあと、今の循環にない数2からスタートします。

2は4に変換され、4は2に変換され、スタートに戻ります。

この循環を (24) と記します。したがって、変換 (1, 2, 3, 4, 5) → (3, 4, 5, 2, 1) は、循環を使って、(135)(24) と分解することができるわけです。

特別に、3 → 3 のように「自分に変換される」ものも循環と考えて、(3) のように記します。

循環に分解することによって、5次対称群 $S_5$ の要素は、次の7つの種類に分類されます。

分類 I　　$(1)(2)(3)(4)(5)$（これが $S_5$ の単位元です）
分類 II　　$(ab)(c)(d)(e)$
分類 III　$(abc)(d)(e)$
分類 IV　$(abcd)(e)$
分類 V　　$(abcde)$
分類 VI　$(ab)(cd)(e)$
分類 VII　$(abc)(de)$

$S_5$ の正規部分群 H で「単位元のみから成るもの」でないものを任意にとります。このような部分群に必ず交換不可能な要素、すなわち、$f \circ g \neq g \circ f$ となる $f$ と $g$ は含まれることを証明します。まず、次の事実を示します。

「正規部分群 H に一つでも分類 II の要素が入っていると、分類 II のすべての要素が入っている。他の分類 III から分類 VII についても同じことが成り立つ」

この事実を示すには、「$f$と$g$が同じ分類に属するならば共役であること」すなわち、

「$h \circ f \circ h^{-1} = g$となる$S_5$の要素$h$が存在すること」を言えばいいです。このことは簡単に示せます。例えば、(135)(24) と (234)(15) が共役であることを具体的に示してみましょう。この場合は、前者の数を後者の同じ位置の数に変換する操作、つまり、$1 \to 2、3 \to 3、5 \to 4、2 \to 1、4 \to 5$ と変換する操作を考えます。この操作 $(1, 2, 3, 4, 5) \to (2, 1, 3, 5, 4)$ を$h$として共役 $h \circ f \circ h^{-1}$ を作ればよいのです。実際、

$$(1,2,3,4,5) \xrightarrow{h^{-1}} (2,1,3,5,4) \xrightarrow{f} (4,3,5,1,2) \xrightarrow{h} (5,3,4,2,1)$$

　最初を最後に変換する操作 $(1, 2, 3, 4, 5) \to (5, 3, 4, 2, 1)$ を循環に分解すると、(234)(15) となるので、確かに正しいとわかります。同じ方法によって共役を作れば、同じ分類に属する任意の二つの変換が共役になることが証明できます（具体的にいくつかやってみてください）。

　この事実を使うと目標の定理が証明されます。それは、「分類 II の中には可換でない要素が見つかる」、「分類 III の中には可換でない要素が見つかる」、…、「分類 VII の中には可換でない要素が見つかる」ということからわかります。実際、これらの可換でない2つの要素を以下のように具体的に挙げることができます。

分類Ⅱ：　(12)(3)(4)(5) と (23)(1)(4)(5)
分類Ⅲ：　(123)(4)(5) と (234)(1)(5)
分類Ⅳ：　(1234)(5) と (2345)(1)
分類Ⅴ：　(12345) と (13452)
分類Ⅵ：　(12)(34)(5) と (13)(25)(4)
分類Ⅶ：　(12)(345) と (45)(123)

分類Ⅶの場合を確かめてみると、(45)(123) ○ (12)(345) では、$1 \to 2 \to 3$ から1は3に変換され、(12)(345) ○ (45)(123) では、$1 \to 2 \to 1$ と1は1に変換されます。したがって、

$$(45)(123) \bigcirc (12)(345) \neq (12)(345) \bigcirc (45)(123)$$

となって可換でないことがわかります。

**（補助定理5の証明終わり）**

\*[アーベルの定理の証明]（スチュアート[3] より）
　アーベルは、係数が文字である5次方程式、

$$x^5 - a_1 x^4 + a_2 x^3 - a_3 x^2 + a_4 x - a_5 = 0 \quad \cdots ①$$

に対して解の公式が存在しないことを証明しました。つまり、有理数と文字としての係数 $a_1, a_2, a_3, a_4, a_5$ に対する四則計算とべき根計算だけによる解の公式が存在しないことを証明しました。

これは、「5次方程式を同じ手順で計算する公式」が存在しないことを意味しています。しかし、個々の5次方程式すべてに個別に「四則とべき根による解」があるかどうかについては述べていません。それも「すべてに対しては存在しない」と示したのはガロアでした。

アーベルの定理はガロアの定理よりも多少証明が楽です。

今、方程式①の解を抽象的に、$b_1$, $b_2$, $b_3$, $b_4$, $b_5$ とします（これは数ではなく文字です）。

すると、①の左辺は、次のように因数分解されます。

$$x^5 - a_1 x^4 + a_2 x^3 - a_3 x^2 + a_4 x - a_5$$
$$= (x-b_1)(x-b_2)(x-b_3)(x-b_4)(x-b_5)$$

右辺を展開して左辺と係数比較することで、解と係数の関係が得られます。

$$a_1 = b_1 + b_2 + b_3 + b_4 + b_5 \text{（解の和）}$$
$$a_2 = b_1 b_2 + b_1 b_3 + \cdots + b_3 b_5 + \cdots \text{（解2個の積の総和）}$$
$$a_3 = b_1 b_2 b_3 + \cdots \text{（解3個の積の総和）}$$
$$a_4 = b_1 b_2 b_3 b_4 + \cdots \text{（解4個の積の総和）}$$
$$a_5 = b_1 b_2 b_3 b_4 b_5 \text{（解の積）}$$

…②

今、有理数体 Q に解を表す文字 $b_1, b_2, b_3, b_4, b_5$ を加えた拡大した体を K とします。要素は、文字 $b_1, b_2, b_3, b_4, b_5$ の四則計算で作られる分数式です。次に、有理数体 Q に上記の $a_1, a_2, a_3, a_4, a_5$ を加えて拡大した体を F とします。これは、文字 $a_1$ などを加えるのではなく、上記の $b_1+b_2+b_3+b_4+b_5$ や $b_1b_2b_3b_4b_5$ 等を加える、ということです。

解 $b_1, b_2, b_3, b_4, b_5$ が、係数 $a_1, a_2, a_3, a_4, a_5$ から四則とべき根で解ける、ということは、体 K が体 F のべき根拡大となる、ということです。これが不可能であることを証明したいのです。

体 K が体 F に方程式①(ただし係数は②の右辺に置き換えたもの)のすべての解 $b_1, b_2, b_3, b_4, b_5$ を加えて拡大したものなので正規拡大です。補助定理1からガロア拡大でもあります。その体 F 上の自己同型の作る群を G とします。群 G の解への作用を考えます。解が数ではなく文字なので、$b_1, b_2, b_3, b_4, b_5$ を並べ替える順列はすべて自己同型となります。一方、②を見ればわかるように、これらの順列で係数 $a_1, a_2, a_3, a_4, a_5$ は不変です(番号を入れ換えても式そのものは不変だから)。したがって、これらの順列が体 F 上の自己同型の全体となります。これは明らかに 5 次対称群 $S_5$ です。補助定理5によって、5 次対称群 $S_5$ にはガロア系列が存在できないので、体 F から体 K へのガロア系列は存在しません。したがって、方程式①は有理数と係数 $a_1, a_2, a_3, a_4, a_5$ による四則計算とべき根では解けません。

**(アーベルの定理の証明終わり)**

## あとがき

本書は、13歳だった頃のぼくを想定読者に書きました。ぼくの数学書はいつも、意欲のある中学生なら読めることを目標に書いていますが、とりわけこの本にはその想いが強いのです。だから、特別な知識がない読者にも、きっと最後まで読み通すことができたのではないかと期待しています。

13歳のぼくが数学に目覚めたきっかけは素数です。手に入る素数の本を片っ端から読みあさりました。素数の理論にはあらゆる数学が動員されます。代数学、集合論、複素数、微積分、そしてガロア理論。ぼくは、代数学、集合論、微積分学の初等的な知識は独習で身につけましたが、ガロア理論にだけは歯が立ちませんでした。その原因は、今思い返すと、ガロア理論が難しすぎるからではなく、良い解説書がなかったからだと思います。

その後、大学の数学科に進学した際、ガロア理論の教科書を何冊か勉強しましたが、視界のきかない山道を延々と登らされているようで苦しく、青息吐息でした。どうにか期末試験にはパスしたものの、「心からわかった」という気分にはなりませんでした。だから、「いつか中学生にも読めるガロア理論の解説書を書こう」という夢を持ち、それを旧版で実現しました。

一度数学から離れたぼくでしたが、また数学に取り組むようになりました。きっかけは、技術評論社の編集者で旧版の編集をしてくださった成田恭実さんの企画で、数学者の黒川信重さんと共著を作

成したことでした。その後、黒川さんのガロア理論の本に触発され、ぼくはガロア理論に再チャレンジする気持ちになりました。そして、旧版では書き切れなかったガロアの定理の完全証明の解説をこの新版に導入することができました。

　そういう意味で、黒川さんに感謝いたします。また、「方程式の解が代数的には区別がつけられないことがガロア理論のポイント」と教示してくださった友人の伴克馬さんにもお礼を申し上げます。最後に、この新版の企画・編集をしてくださった成田さんに感謝いたします。彼女とはもう、本書で6冊目になります。本書が多くの読者の力になったのなら、その多くの部分は数学科出身の成田さんのガロアへの愛と情熱の賜物だと思います。

2019年5月　小島寛之
13歳の頃の自分に、そして20歳のガロアに思いを馳せながら

# 参考文献、かつ、お勧めの本

(厳密さの程度=難しさの程度、を *の個数で表しています)

**(ガロア理論の教科書)**

[1] \*\*\*草場公邦『ガロワと方程式』朝倉書店(1989年)
[2] \*\*\*中島匠一『代数方程式とガロア理論』共立出版(2006年)
[3] \*\*\*イアン・スチュアート『明解ガロア理論』[原著第3版]講談社(2008年)
[4] \*\*\*\*黒川信重『ガロア理論と表現論』日本評論社(2014年)
[5] \*\*辻雄「ガロア理論とその後の現代数学」、P.デュピュイ『ガロアとガロア理論』東京図書(2016年)の解説として所収

**(位相空間のガロア理論の教科書)**

[6] \*\*\*\*久賀道郎『ガロアの夢〜群論と微分方程式』日本評論社(1968年)

**(群論の教科書)**

[7] \*\*\*M.A.アームストロング『対称性からの群論入門』佐藤信哉・訳、シュプリンガー・ジャパン(2007年)

**(連分数のガロアの定理)**

[8] \*\*\*和田秀男『数の世界 整数論への道』岩波書店(1981年)

**(その他の参考文献)**

[9] \*ジョン・ダービーシャー『代数に惹かれた数学者たち』松浦俊輔・訳、日経BP社(2008年)
[10] \*黒田玲子『生命世界の非対称性』中公新書(1992年)
[11] \*伴克馬「ガロア理論の世界観」『現代思想』青土社(2008年11月号)所収

# 索引

## ■ 英字
i ……………………………………… 120
Q ………………………………………… 28
Q(α) …………………………………… 32
R ……………………………………… 123

## ■ あ行
アーベル ……………………………… 20
余り算 ………………………………… 82
アルス・マグナ ……………………… 17
アルティンの定理 ………………… 202, 270
アルフワリズミ ……………………… 116
位相同型 ……………………………… 235
1のべき根 …………………………… 132
ヴァンデルモンド ……………………… 19
ヴィエト ……………………………… 17
ウェッソン …………………………… 127
F上の自己同型 ……………………… 155
オイラーの法則 ……………………… 111

## ■ か行
解の公式 …………………………… 11, 144
ガウス ………………………………… 127
可換群 ………………………………… 83
拡大次数 …………………………… 36, 38
拡大体 ………………………………… 29
壁紙群 ………………………………… 240
カルダノ ……………………………… 13
カルダノの公式 ……………………… 15
ガロア拡大体 ………………………… 201
ガロアの定理 ……………………… 61, 174
ガロア被覆 …………………………… 256
ガロア表現 …………………………… 229
基本群 ………………………………… 233
逆元 …………………………………… 72
共役写像 …………………………… 42, 209
共役数 ………………………………… 31
共役な部分群 ………………………… 112
虚数 …………………………………… 120
虚数単位 ……………………………… 121
キラル ………………………………… 91
群 ……………………………………… 73
群のガロア系列 ……………………… 213
群の乗積表 …………………………… 80
群論 …………………………………… 23
結合法則 ……………………………… 71

コーシーの定理 …………………… 218, 273
交換法則 ……………………………… 71
恒等写像 ……………………………… 42
固定四角形 …………………………… 102

## ■ さ行
3次方程式の解と係数の関係 ………… 19
3次方程式の解の公式 ……………… 144
Gは群を成す ………………………… 74
次元 …………………………………… 36
自己同型 ……………………………… 41
自己同型写像 ………………………… 191
自己同型の解への作用 ……………… 194
自己同型の有理数保存則 …………… 55
実数 …………………………………… 123
写像 …………………………………… 39
写像の合成 …………………………… 81
巡回拡大 ……………………………… 208
巡回群 ………………………………… 100
剰余類 ………………………………… 107
正規拡大体 …………………………… 262
正規部分群 …………………………… 112
整数の加法群 ……………………… 74, 240
全射 …………………………………… 40
線対称移動 …………………………… 43
全単射 ………………………………… 40

## ■ た行
体 ……………………………………… 26
体Fと体Kの中間体 ………………… 181
体Kのガロア系列 …………………… 176
対称性 ………………………………… 19
対称操作 ……………………………… 84
代数的閉体 …………………………… 126
体論 …………………………………… 23
タルターリア ………………………… 13
単位元 ………………………………… 72
単射 …………………………………… 40
単連結 ………………………………… 234
チルンハウス変形 …………………… 146
デデキントの定理 ………………… 202, 266
デル・フェッロ ……………………… 14
同型な群 ……………………………… 81
トーラス面 …………………………… 234

## ■ な行
2次体 ………………………………… 55
2次方程式の解と係数の関係 ……… 18, 52

## ■ は行

バスカラ……………………………… 11, 117
ハッセ図……………………………… 101
パピルス……………………………… 9
非可換群……………………………… 87
被覆空間……………………………… 240, 245
被覆写像……………………………… 242, 245
被覆する……………………………… 245
被覆変換……………………………… 254
微分方程式のガロア理論 …………… 259
フィオーレ ………………………… 14
フェラリ……………………………… 16
フェルマーの最終定理 ……………… 228
フォンタナ ………………………… 13, 117
複素数………………………………… 120, 124
複素数体……………………………… 124
普遍被覆空間 ……………………… 244
部分群………………………………… 94
部分群Hの固定体…………………… 161
部分群の元数の法則 ………………… 109
ブラマグプタ ……………………… 11
べき根………………………………… 49
べき根拡大 ………………………… 208
べき根拡大の定理1 ………………… 208
べき根拡大の定理1の逆定理 ……… 222
ベクトル空間 ……………………… 33, 35
ベクトル空間の基底 ……………… 35
ペレルマン ………………………… 237
ポアンカレ予想……………………… 236

## ■ ま行

右剰余類……………………………… 107

## ■ や行

有限群………………………………… 74
有理数………………………………… 27
有理数体……………………………… 27
4次方程式の解の公式 ……………… 16

## ■ ら行

ラグランジュ ……………………… 19
立方根………………………………… 139

## ■ わ行

ワイルズ……………………………… 229

**著者略歴**

小島 寛之（こじま ひろゆき）
1958年東京都生まれ。
東京大学理学部数学科卒業。
同大学院経済学研究科博士課程単位取得退学。経済学博士。
現在、帝京大学経済学部経済学科教授。
専攻は数理経済学、意志決定理論。

主な著書一
『使える！経済学の考え方』『数学入門』(以上、ちくま新書)
『ナゾ解き算数事件ノート』『21世紀の新しい数学』『証明と論理に強くなる』
(以上、技術評論社)
『無限を読みとく数学入門』(角川ソフィア文庫)
『数学的推論が世界を変える』(NHK出版新書)
『世界は素数でできている』(角川新書)
『暗号通貨の経済学』(講談社選書メチエ)　など多数。

【完全版】天才ガロアの発想力
―対称性と群が明かす方程式の秘密―

2019年7月19日　初版　第1刷発行

著　者　小島　寛之
発行者　片岡　巌
発行所　株式会社技術評論社
　　　　東京都新宿区市谷左内町21-13
　　　　電話　03-3513-6150　販売促進部
　　　　　　　03-3267-2270　書籍編集部

○ブックデザイン　大森　裕二
○カバーイラスト　竹中　誠
○本文DTP＆イラスト
　　　　　　　　水口　紀美子

印刷／製本　株式会社加藤文明社

定価はカバーに表示してあります。

本の一部または全部を著作権の定める範囲を超え、無断で複写、
複製、転載、テープ化、あるいはファイルに落とすことを禁じます。

©2019　小島　寛之
造本には細心の注意を払っておりますが、万一、乱丁(ページの乱れ)や落丁(ページの抜け)がございましたら、小社販売促進部までお送りください。
送料小社負担にてお取り替えいたします。
ISBN978-4-297-10627-0 C3041
Printed in Japan